ヤナギ
ハンドブック

解説●吉山 寛　写真●茂木 透

文一総合出版

ヤナギの特徴と観察ポイント

　ヤナギ科植物は世界に約 1250 種存在するといわれる。近年の分子系統学の進歩の結果、以前のヤナギ科にイイギリ科などが編入されて新しいヤナギ科となったが、旧来のヤナギ科のグループは連（科の中における分類の階級）として維持されているので内容は変わらない。

　本書はヤナギ科図鑑ではなく、ヤナギ図鑑である。その目指すものは分類ではなく、ヤナギ同定術の普及にあるため、旧イイギリ科の種は簡略に触れるにとどめた。

■ ヤナギの仲間

　本書では、属を省略しヤナギと記した場合はヤナギ属を指す（ヤマナラシ属にも語尾にヤナギとつくものがあるが要注意）。旧来のヤナギ科、ヤナギ属とヤマナラシ属の両者に共通する形質は次の通り。

① 夏緑性の低木または高木
② 雌雄別株
③ 単葉
④ 小さな花が数百個密集して一つの尾状花序をつくる。小さな花には、普通の花に見られる萼や花弁はない。
⑤ 子房が熟すと蒴果となり、種子は綿毛に包まれて風に乗って飛ぶ。これを柳絮と言う。
⑥ 花序が上向きの種類は虫媒花
⑦ 花序が下向きの種類は風媒花（オオバヤナギのみ例外）
⑧ 材は軽軟なものが多く虫害を受けやすい。

　一方、両属で異なる点は、ヤマナラシ属は、

① 風媒花
② 花序はすべて下を向く
③ 頂芽がある
④ 芽鱗は複数個
⑤ 日本に自生する種はわずか 3 種類（ヤマナラシ、エゾヤマナラシ、ドロヤナギ）

■ ヤナギ属 *Salix*

　この仲間は世界に約 450 種あり、主として北半球に分布している。以前はヤナギ属、オオバヤナギ属、ケショウヤナギ属の 3 属に分けられていたが、現在は合一してヤナギ属 1 属となっている。日本では 30 種（栽培種を含む）、5 亜種、2 変種が見られる。

　全種に共通な形質は、個々の種の解説では省略してここに列記しておく。

① 頂芽がない。そのため一本立ちの高木でも通直性に欠ける。
② 芽鱗は 1 個
③ 葉痕に 3 個の維管束痕が見える。
④ 花弁と萼がなく、苞がある。
⑤ ケショウヤナギ 1 種を除いて虫媒花で、蜜腺から蜜を出す。
⑥ 種子は極めて小さく、綿毛に包まれて飛ぶ。濡れた所に落ちるとすぐ発芽する。種子の寿命は短い。

　ヤナギの仲間は雑種をつくりやすく、現在 42 雑種と 4 雑種亜種が記

録されている。この数は将来増加する可能性が高い。

■従来の分類と大きく異なった点

この図鑑の分類は、学名・和名とも現時点で最も新しい見解とされるOhashi（2000, 2001, 2016）やOhashi and Yonekura（2006, 2015）に準拠した。そのため今まで使われてきた学名・和名と異なる点が多いので、他書を見るときの混乱を防ぐため、利用者の便宜を考え、大きく異なった点を記しておく。

①オオバヤナギ属・ケショウヤナギ属はヤナギ属 *Salix* に統合された。
②オオバヤナギの和名はトカチヤナギに変更された。しかしこの図鑑では聞きなれたオオバヤナギの名を用いた。
③シロヤナギとヨシノヤナギとコゴメヤナギはそれぞれ別種とされたり同種とされたりしたが、シロヤナギとヨシノヤナギは別種、コゴメヤナギはシロヤナギの亜種とされた。
④高山植物のエゾノタカネヤナギは本州中部山岳のタカネイワヤナギに合一され同種とされた。
　北海道産のヒダカミネヤナギは、タカネイワヤナギの亜種とされた。
⑤カワヤナギはエゾノカワヤナギの亜種とされた。
⑥エゾノバッコヤナギはバッコヤナギに含められ同種とされた。
⑦サイコクキツネヤナギはキツネヤナギと別種とされたり同種とされたりしたが、亜種とされた。
⑧キヌヤナギは栽培品種となり、本州にも自生するものもエゾノキヌヤナギとされた。
⑨バッコヤナギ、シロヤナギ、オノエヤナギ、タチヤナギの種形容語（種小名）が変更された。

■ヤナギ観察に必要な用語と観察の要点

図鑑でヤナギ類の種名を調べる場合、野外で実物を目の前にして調べるのと、標本を手にして調べるのとでは難しさは大きく違ってくる。原因は標本では実物の一部分しか観察できないからで、ヤナギの学習はまず野外で生きている状態の木で、以下に述べるポイントをよく観察することから始めよう。

1. 分布域（ぶんぷいき）

自生種の中には、全国的に分布する種、広域に分布するが、日本国内の東とか西とかに偏っているもの、分布が狭い地域に限定されるものなどある。図鑑を調べるとき、分布域に気をつけること。

2. 生育地（せいいくち）

ヤナギは水辺を好むと思われがちだが、水辺から離れた一般地、崖や岩場に限って生えるヤナギもある。特殊な例として草原に限って生えるヤナギもある。

3. 樹形（じゅけい）

高木で一本立ちか、低木で株立ちか、低木でも大・中・小、高さ数cmの地に這うものまで、また枝が垂れるもの、曲がりくねるものもある。高木の若木は低くても一本立ち。

4. 樹皮

太くなると割れ目が入る場合、縦に平行に入る種が多いが、交叉を繰り返すのはマルバ（アカメ）ヤナギ、割れ目が入らず、はがれて反り返るのはタチヤナギ。若木のうちはどれも平滑だが、緑色、緑褐色、黒紫色など特徴を示すので手がかりになる。エゾヤナギ、ユビソヤナギの表皮の内側は鮮黄色を呈する。

5. 一年枝

葉のある枝なら当年伸びた枝、葉のない冬季ならばその前年に伸びた枝のこと。緑色、灰緑色、黄緑色など色の違いや、はじめは有毛で次第に無毛に近づく、はじめから無毛、1年間有毛など毛の有無が参考になる。シバヤナギ、シライヤナギでは、水平より下向きに伸びることもあるなど、枝の向きにも注目する。

6. 裸材

枝や幹の表皮を剥ぎ取って除いた木質の部分を指す。植物学者木村有香の造語で、もっぱらヤナギ研究家の間でのみ用いられる用語。

7. 隆起条

裸材の表面に、筋状に浮き出た突起物で、これがある種とない種があり、同定に役立つ。乾燥地に生える種にはこれが出る傾向があり、挿し木の活着率も低い。隆起線とも言う。オオキツネヤナギの太い幹は皮をむかなくても模様で分かる。隆起条は雑種にも現れるため、親種の推定に役立つ（p.100 参照）。

オオキツネヤナギの隆起条

8. 冬芽

8–9月を過ぎると当年に伸びた枝の葉腋に芽ができる。大きい方は花芽、小さい方が葉芽である。芽の大小、先端は丸いか尖るか、色、光沢、毛の有無など種によって特徴がある。芽鱗は帽子型だが例外としてマルバヤナギ、オオバヤナギ、ケショウヤナギでは着物の襟状に合わさる。枝に対して対生か互生かあるいは混ざるか、らせん生か、枝に密着するか離れてつくかも重要。

ジャヤナギ

9. 下出葉

花序の基部につく小さな葉状物。

10. 花序

小さな花が多数密集して花穂を構成したもの。特にヤナギ科、カバノキ科、ブナ科などは細長くなるため尾状花序と言う。

バッコヤナギのように太いものからシライヤナギのように細いものまで様々、長さも同様。すべて♂の方が♀花序より太く見えるため、切花にするのは♂の方。花序に柄のある種と、柄がなく枝に直接つく種とある。また基部に小さな葉片（下出葉）

のあるものとないものとある。多くのヤナギ属の花序は上向きに伸びるが、例外としてオオバヤナギとケショウヤナギの花序は下垂する。

11. 花期

花序と葉とが展開するタイミングの関係で、次の3つに分けられる。
①葉前性：ネコヤナギのように、葉より花序が先に出る性質。
②葉期性：シダレヤナギのように、花序と葉が同時に出る性質。
③葉後性：マルバヤナギのように、葉が開いてから花序を出す性質。
この語は筆者の造語で、花序と葉のタイミングを示す。

12. 花

雌雄別花、別株が原則だが稀に奇形に雌雄同花が見られる（詳しくはp.135コラム参照）。虫媒花で萼片や花弁がなくても、蜜と芳香がある。

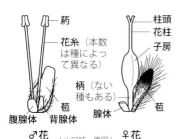
（山口純一原図）

13. 苞

花の基部についている保護器官。形と色、毛の有無は種ごとに異なる。形は先が尖るもの、円くさじ形のもの、無色のもの、一部あるいは全部着色しているもの、密に毛のあるもの、ないものなど。着色は黒色、黒褐色、淡緑色、狐色など。

14. 腺体（蜜腺）

ケショウヤナギ以外は虫媒花のため、必ず蜜を出す腺体が花にある。花弁から変化したとされる。多くの種では1花に1個だが2個あるもの、子房を囲み輪のようになるものもある。

15. 花糸

雄花の葯を先端につける細長い白い柄のこと。有毛または無毛。花糸は1本、2本の種が多いが、3本、5本以上のものまである。ヤマヤナギの仲間は1本の花と2本の花が混在するのが特徴。1本の花糸が途中でY字形に分岐するのは雑種の可能性がある。（p.125コラム参照）

16. 葯

花粉袋とも言う。多くの種では黄色だが、紅色のもの、頭部表面だけ淡紅のものもある。花粉を出すと黄色く見える。原則として、花糸の本数と葯の個数は同じ。奇形や雑種で花糸が2分岐している場合は、分岐点から先の花糸の本数と同じ。個々の種の解説では葯の数は省略した。

17. 雌花・子房・花柱・柱頭

雌花の子房から上に伸びる部分を花柱と呼び、花柱の先端、花粉を受け取るところを柱頭と呼ぶ。

子房の毛と柄の有無、花柱の長さ、柱頭の分裂の形などを調べる。花柱が残る種が多いが、オオバヤナギ、ケショウヤナギでは花柱と苞は早く脱落する。

18. 葉序
枝につく葉の並び方のこと。互生がほとんどだが、対生するもの、対生と互生が混じる種がある。

19. 葉柄
柄がある種がほとんどだが、イヌコリヤナギのように無柄に近いもの、短いもの、表面が凹むものがある。

20. 托葉
そえ葉とも言い、葉柄のつけ根にある小さな葉状物。はじめからないもの、途中で脱落するもの、秋まで残るものもある。形も様々で円形、斜卵形、先の尖るもの、蝶形のものもある。

21. 葉身
葉柄を除いた部分で、葉の長さとは葉身の長さ、幅とは最大部分の値。単葉、夏緑性で、同種でも個体間・個体内で形や大小の変異が大きい。線形、狭卵形、長楕円形、楕円形、卵形、倒卵形など種によっても様々。側脈はネコヤナギのように明瞭なものから、カワヤナギのように不明瞭なものまである。先端は鈍頭なものから鋭尖まで、裏面の毛は全面有毛から脈上有毛、まったく無毛まで。裏面の色は粉白色、灰緑色など。

22. 葉縁
鋸歯：葉の縁は出入のないもの、明らかな鋸歯のあるもの、波状鋸歯、微細鋸歯まで様々。鋸歯の先端はルーペで見ると腺で終わっているものもある。
新葉の縁：新葉が出たとき、縁が裏に巻く種があり、オノエヤナギは先端以外この性質が特に強く、雑種にも現れる。夏でも新葉が出ているうちは観察できる。ほかにはユビソヤナギ、エゾノキヌヤナギ、バッコヤナギなどもこの性質がある。

①冬芽（葉芽）が展開して間もない状態。この時期はどの種も新葉の縁は裏に巻かない。

②左の状態から数日すると、さらに葉が展開して伸長し、縁が裏に巻いた状態の葉が確認できる。

23. 柳絮
p.2 左段⑤参照。

■ヤナギの撮影

野外で実物を観察したり標本をつくるのと同時に、写真による記録も重要である。

花序断面
この図鑑では、花序断面を載せるよう心掛けた。横断面は著者の発案だが、これだけでは苞と腺体が見えにくいとのことから、写真家の茂木透が提案した。

断面モデルをつくるにはテクニックが必要だ。横断するには花序の上下両端を少しひねるようにして一気に引っ張る。刃物を使うと花を切ってしまうためだ。

縦断するには花序の中軸の末端に

爪を入れ左右に引っ張る。難しいのでうまくいくまで何度も繰り返す。

花序全体

この撮影の場合は枝も含めて下出葉もフレーム内に入れること。♂花序は時期のタイミングが重要で、先端の葯が花粉を出す前が理想的だ。理由は花粉袋の色を表現するため。

葉の撮影

成葉の撮影は6月が適期。それを過ぎると虫に食われる。托葉も落ちるものが多い。必ず裏面も撮る。

■ヤナギ観察の適地

① 上高地（長野県）

ケショウヤナギの枝は夏は白いが、冬から4月上旬にかけて紅色になる。この光景は、坂巻から標高差500m、トンネル続きの車道を2時間かけ登った者だけが見られる別世界だ。本州ではここだけしか自生しないエゾヤナギは開花が早く、バスの開通する開山祭（4/29）には♂花序は全部落花している。これらを含めて10種のヤナギが見られるが、河童橋周辺は都会なみの混雑で、観察には上流の明神池まで足を延ばしたい。すべて採集は不可能なため、ケショウヤナギの標本は終点、新島々駅前の川原で探すのがよい。

② 坂巻温泉（長野県上高地の入口）

上高地はマイカー禁止だが、ここは周年可能。この周辺はコマイワヤナギが多く自生している所で、ここで発見されたサカマキヤナギとスガヤナギが温泉旅館の裏庭に植えられている。この地域には未同定のヤナギの雑種がいくつもあり、研究の適地である。観察は旧国道沿いが良いが、崩壊や噴気で通れない場合はトンネルを使う。

③ 湯檜曽川（群馬県）

ユビソヤナギ、フカオヤナギ、ネコヤナギ、オノエヤナギ、イヌコリヤナギ、バッコヤナギ、オオキツネヤナギ、シロヤナギ、オオバヤナギ、ドロヤナギなど。JR上越線土合駅が最寄だが、一つ手前の湯檜曽駅で降り、前の川べりでユビソヤナギとフカオヤナギを見てから路線バスで土合駅に行くのもよい。

④ 小貝川（茨城県）

石毛より上流が良い。種数は少ないがタチヤナギ、マルバヤナギの大群落が見られる。ヤナギ以外にも本来の河川植生が残っている。

⑤ 伊南川（福島県只見川の支流）

ユビソヤナギ、シロヤナギが川に沿って延々と自生する。ネコヤナギの雑種のフカオヤナギも多い。オオバヤナギ、オノエヤナギ、カワヤナギ、山麓にはキツネヤナギ、オオキツネヤナギ、バッコヤナギ。この川は開けた谷間にあり、両側に車道があって橋が多く、観察に便利。交通手段はマイカーもしくはJR只見駅下車、タクシーを利用。

⑥ 閉伊川下流部（岩手県宮古市）

エゾノキヌヤナギの自生が見られる。

⑦ 横沢入のヤナギ群落（東京都あきる野市）

五日市線武蔵増戸下車、大悲願寺横の谷の水田放棄地に5種のヤナギが見られる。東京都の里山保全地域に指定。

本書の使い方・凡例

❶**インデックスタブ** ヤナギ属の種とヤナギ属の雑種、ヤナナラシ属／その他の3つに色別した。

❷**全形写真** 野生の種では樹形や生育環境を、雑種では主に開花期の枝の様子を示した。写真の下には撮影地（雑種はすべて植栽のため無記載）と撮影月日を記した。

❸**部分アップ写真** その種の特徴を示す部分を示した。拡大率はそれぞれ異なる。

❹**線画と解説** ヤナギの花は小さく、写真では表現が難しい点を考慮して線画を用いた。♂♀とも側面を複数、見る角度を変えて示したが、1面のみの場合もある。各図の倍率は不同。部分長のデータは『改訂新版　日本の野生植物3』（大橋広好, 2016, 平凡社）を参考にした。

❺**葉の写真** 典型と著者が考える標本を可能な限り原寸大で示し、×1.0（100％大の意）のように倍率を付した。合わせて葉の原産地も記した（雑種は解説中）。

❻**ID番号・和名・学名** ID番号は種ごとに分類順で割り振り、亜種や変種にはその枝番を付した。インデックスタブと同色。種の配列と和名、学名は原則として『改訂新版　日本の野生植物3』（大橋広好, 2016, 平凡社）に従った。ただし利用の便のため一部変更した。

◆ 〈ヤナギ属の種〉のページ

（「ヤマナラシ属その他」のページも準じる）

◆ 〈ヤナギ属の雑種〉のページ

❼**解説** 使用されるものについては別名、日本国内の分布、生育環境を示す生育地、樹形（径＝胸高直径）、樹皮下の材の表面にある隆起条の有無を示す裸材、花期、間違いやすい類似種、当該種を親とする雑種、栽培して観察するための挿木情報、その他に適宜、備考や考察として著者の見解を述べた。

その他 雑種の個体はほぼすべて著者が収集し、ヤナギ観察園（吉山柳園）に植栽したもので、植栽株の原産地は解説中に記した。

ヤナギ属の種

1 オオバヤナギ
2 ケショウヤナギ
3 マルバヤナギ
4 タチヤナギ
5 オオタチヤナギ
6 ジャヤナギ
7-1 シロヤナギ
7-2 コゴメヤナギ
8 ヨシノヤナギ
9-1 シダレヤナギ
9-2 ウンリュウヤナギ
10 ノヤナギ
11 タライカヤナギ
12 バッコヤナギ
13 オオキツネヤナギ
14-1 キツネヤナギ
14-2 サイコクキツネヤナギ
15 ミヤマヤナギ
16 オノエヤナギ
17 エゾノキヌヤナギ
18 エゾヤナギ
19 シバヤナギ
20 シライヤナギ
21 コマイワヤナギ
22 イヌコリヤナギ
23 コリヤナギ
24 カワヤナギ
25 ネコヤナギ
26 ユビソヤナギ
27 ヤマヤナギ
28 エゾマメヤナギ
29 ミヤマヤチヤナギ
30-1 レンゲイワヤナギ
30-2 エゾタカネヤナギ
30-3 ヒダカミネヤナギ

伊南川（福島県只見川の支流）のユビソヤナギ（4月11日撮影／新国 勇）

検索表にかえて

検索表は便利のように見えて不便な代物だ。途中で一歩間違えば目的地へたどり着けなくなる。今まで多くの図鑑でヤナギの検索表が書かれてきたが、多くは不完全なもので、ヤナギ類は雌雄別株のうえ、さらに花と葉は時期を異にして出現するにもかかわらず、雄も雌も花も葉もひとまとめにされている。そのような検索表は、ヤナギの学習を始める人にとっては使いづらい。

検索表として推薦できるのは、『日本の野生植物 木本Ⅰ』（平凡社，1989）に木村有香が書いた雄雌別個の2通りの表と『改訂新版 日本の野生植物3』（平凡社，2016）に大橋広好がまとめた検索表がある。

ここでは花と葉の出るタイミング、花糸の本数、樹形、生育地、隆起条の有無など、識別に役立つポイントを紹介する。

■生育地

湿地・水際に生える	高木のほぼすべて
一般地に生える	12 バッコヤナギ 27 ヤマヤナギ
斜面・崖・岩場に生える	19 シバヤナギ 20 シライヤナギ 21 コマイワヤナギ

■裸材に隆起条がある

特に強く出る	13 オオキツネヤナギ 14–1 キツネヤナギ
明確に出る	12 バッコヤナギ 15 ミヤマヤナギ 19 シバヤナギ 20 シライヤナギ 21 コマイワヤナギ 27 ヤマヤナギ

■葉と花が出るタイミング

葉前性（葉より花序が先に出る）

高木 大低木	11 タライカヤナギ 12 バッコヤナギ 16 オノエヤナギ 17 エゾノキヌヤナギ 18 エゾヤナギ 24 カワヤナギ 26 ユビソヤナギ
中低木 小低木	10 ノヤナギ 13 オオキツネヤナギ 14–1 キツネヤナギ 22 イヌコリヤナギ 23 コリヤナギ 25 ネコヤナギ

葉期性（葉と花序が同時に出る）

高木 大低木	2 ケショウヤナギ 4 タチヤナギ 5 オオタチヤナギ 6 ジャヤナギ 7–1 シロヤナギ 7–2 コゴメヤナギ 8 ヨシノヤナギ 9–1 シダレヤナギ 9–2 ウンリュウヤナギ 27 ヤマヤナギ
中低木 小低木	15 ミヤマヤナギ 19 シバヤナギ 20 シライヤナギ 21 コマイワヤナギ

葉後性（葉が開いてから花序を出す）

- 1 オオバヤナギ
- 3 マルバヤナギ

高山植物は葉期性

- 28 エゾマメヤナギ
- 29 ミヤマヤチヤナギ
- 30–1 レンゲイワヤナギ

類似するヤナギの相違点

- A オノエヤナギ ⇔ ユビソヤナギ
- B オノエヤナギ ⇔ カワヤナギ
- C マルバヤナギ ⇔ タチヤナギ
- D シロヤナギ ⇔ コゴメヤナギ ⇔ ヨシノヤナギ
- E シバヤナギ ⇔ シライヤナギ ⇔ コマイワヤナギ
- F オオキツネヤナギ ⇔ キツネヤナギ ⇔ サイコクキツネヤナギ
- G ミヤマヤナギ ⇔ ヤマヤナギ
- H オオタチヤナギ ⇔ ジャヤナギ
- I タライカヤナギ ⇔ バッコヤナギ

A 多雪地の川辺（ユビソヤナギ自生地）

オノエヤナギは九州を除き全国的に生え、一方ユビソヤナギの自生地は限られる。この2種は、群馬県の湯檜曾川流域などで比較観察ができる。両者は樹姿が似るものの、あらゆる部位はまったく異なり誤認は起こりえない。しばしば混生して生えているので観察の好対象。

		16 オノエヤナギ	26 ユビソヤナギ
花期		遅れる	極めて早い
花序		中	大
♂花	花糸	2本	1本
♀花	子房	有毛	無毛
葉・托葉	鋸歯	明瞭ではない	明瞭
	縁	裏に巻く	裏に巻く

B 河川中流の河原（全国的）❶

次の2種類は、しばしば中流河川の河原に大群落を形成し混生する。類似点は何一つない2種だが、この様な場所には雑種のカワオノエヤナギがしばしば発生し生育しているので注意が必要。

		16 オノエヤナギ	24 カワヤナギ
♂花	葯	黄色・頭頂部のみ紅色をおびる	黄色
	花糸	2本	1本・まれにY字型
♀花	花つき	疎生	密生
	花序軸	見える	見えない
果実	実つき	疎生	密生
葉	鋸歯	ない	ある
	縁	裏に巻く	裏に巻く
	形	最大幅が基部側	最大幅が先側
托葉	鋸歯	明瞭ではない	明瞭
	縁	裏に巻く	裏に巻かない
樹皮		若木は赤黄褐色	若木は紫黒色

ヤナギ属の種

C 河川中・下流の河原 (北海道を除く) ❷

タチヤナギは大低木、マルバヤナギは大高木。どちらも水をかぶるような場所に生える。＊葉柄の腺、托葉などに特徴がある。

		3 マルバヤナギ	**4 タチヤナギ**
♂花	花糸	3–5 本	3 本
♀花	腺体	環状	棒状
葉	形	広楕円形または狭楕円型	狭長楕円形
	葉柄	腺点と付属葉がある	腺点があり、付属葉はない
托葉の腺点		上面になく、鋸歯先端にある	上面に密布
樹皮		割れるが剥離しない	剥離する

D 河川中流の河原 (自生地域は異なる) ❸

この 3 種類の区別は大変に難しい。自生の中心地は離れているが、自生の接する境界付近では識別能力が必要となる。

		7-1 シロヤナギ	**7-2 コゴメヤナギ**	**8 ヨシノヤナギ**
分布		北海道・本州 (東北〜北陸)	本州 (関東・中部・近畿の一部)	本州 (近畿以西)・四国
♀花序		長い	やや長い	短い
♀花	子房の毛	ある	ない、または少	ある
葉	裏の色	白色	白色	淡緑色

E 岩場や斜面に生える 3 種

シライヤナギとコマイワヤナギは徹底して岩場に生え、標高 1000–1800 mに自生、シバヤナギは岩場にも生えるが地面からも生え、標高 500–1200 mくらいの山地帯に自生する。シバヤナギは他の 2 種と比べ明らかに大型になる。

		19 シバヤナギ	**20 シライヤナギ**	**21 コマイワヤナギ**
分布		本州 (関東南部〜愛知)	本州 (蔵王山〜八ヶ岳)	本州 (群馬・山梨・長野・静岡)
樹高		樹高 1–4 mの中型	樹高 0.2–1 mの小型	樹高 0.2–1 mの小型
葉	形	幅が広い	幅が広い	幅が狭い

F 山地に生える 3 種類

区別の難しいキツネヤナギの仲間 3 種。キツネヤナギとオオキツネヤナギは東日本、サイコクキツネヤナギは西日本に分布が限られる。

	13 オオキツネヤナギ	**14-1 キツネヤナギ**	**14-2 サイコクキツネヤナギ**
分布	本州 (中部以北の日本海側〜東北地方・稀に関東)	北海道・本州 (東北〜北陸・関東東部)	本州 (近畿以西)・四国・九州
下出葉	3–7 枚	3–5 枚	ない、またはごく小さい
♂花序	やや太く長い	細長い	太い
♀花序	やや太く長い	細長い	やや太く長い

G 山岳地の2種

この2種類は、分布が離れているので同定上の問題は生じないが、葉形が非常によく似ている。

		15 ミヤマヤナギ	27 ヤマヤナギ
分布		北海道・本州(中部以北)	本州(近畿西半分以西)・四国・九州
♂花	雄しべ	2本	1本と2本が混在

H 水辺に生える大型2種

ジャヤナギは見かけることの多い普通種。それに比べるとオオタチヤナギはかなり少ない。

		5 オオタチヤナギ	6 ジャヤナギ
分布		北海道(南西部)・本州(北陸・近畿以西)・九州	本州・四国・九州
♂株		存在する	日本には存在しない
♀花序	形の比率	幅：長さ＝1：1	幅：長さ＝1：2
	花つき	6–8段	10–14段
葉	先の形	鋭く尖る	尖る
	葉の形	最大幅は中央近く	最大幅は基部寄り

I 北海道のよく似た2種

タライカヤナギはバッコヤナギを一段階小さくしたようなヤナギで、葉裏の毛の有無が大きな違い。

		11 タライカヤナギ	12 バッコヤナギ
分布		北海道(東部・北東部)	北海道・本州(近畿以東)・四国
葉	裏の毛	ない	ある
托葉	裏の毛	ない	ある
冬芽	色	黒褐色	赤色
	形	扁平	卵形

その他の特徴と種類一覧

枝が折れやすい	5 オオタチヤナギ	6 ジャヤナギなど
樹皮に特徴がある	3 マルバヤナギ	4 タチヤナギ
蕾が黒く見える	15 ミヤマヤナギ 24 カワヤナギ	22 イヌコリヤナギ 25 ネコヤナギ(クロヤナギ)
冬芽に対生と互生がある	22 イヌコリヤナギ	23 コリヤナギ
托葉の形状が特異	4 タチヤナギ	24 カワヤナギ
小枝が白粉をかぶる	2 ケショウヤナギ 18 エゾヤナギ	4 タチヤナギ

ヤナギ属の種の葉 (高山のヤナギを除く。葉の表面、×0.5)

※葉の大きさや形の変異が大きいものもときに掲載

■ 細長い葉身 (ほぼ披針形)

10 ノヤナギ　　**2** ケショウヤナギ　　**7-2** コゴメヤナギ　　**7-1** シロヤナギ　　**8** ヨシノヤナギ

24 カワヤナギ　　**5** オオタチヤナギ　　**4** タチヤナギ　　**26** ユビソヤナギ

9-2 ウンリュウヤナギ　　**18** エゾヤナギ　　**16** オノエヤナギ　　**17** エゾノキヌヤナギ

ヤナギ属の種の雄しべ (高山のヤナギを除く。拡大率不同)

花糸が1本

22 イヌコリヤナギ **23 コリヤナギ** **24 カワヤナギ** **25 ネコヤナギ**

花糸が2本

8 ヨシノヤナギ **9-1 シダレヤナギ** **9-2 ウンリュウヤナギ** **10 ノヤナギ**

花糸が2本

15 ミヤマヤナギ **16 オノエヤナギ** **17 エゾノキヌヤナギ** **18 エゾヤナギ**

花糸が3本 | 花糸が3-5本 | 花糸が5本 | 花糸が5-10本

4 タチヤナギ **3 マルバヤナギ** **2 ケショウヤナギ** **1 オオバヤナギ**

花糸が2本

26 ユビソヤナギ / **5 オオタチヤナギ** / **7-1 シロヤナギ** / **7-2 コゴメヤナギ**

11 タライカヤナギ / **12 バッコヤナギ** / **13 オオキツネヤナギ** / **14-1 キツネヤナギ**

19 シバヤナギ / **20 シライヤナギ** / **21 コマイワヤナギ** / **27 ヤマヤナギ**

コラム 1-1　ヤナギの花を観賞しよう

　早春の野山で見るバッコヤナギ、オオキツネヤナギ、ミヤマヤナギなどの雄花穂が黄色く全開したときの美しさは、あまり知られていないようだ。ヤナギの美しさをめでるには、季節と無縁であってはならない。以下はその見どころ（漢字名は華道界での呼び名）。

①越冬中の冬芽の色を見る
　赤く光沢がある…バッコヤナギ、フリソデヤナギ（赤芽柳）
　黄色…オオキツネヤナギ（金芽柳）
②早春で冬芽が鱗片を脱いで間もない頃
　銀色の花序…フリソデヤナギ、ネコヤナギ、キヌヤナギ、（→ p.24）

ヤナギ属の種の雌しべ (高山のヤナギを除く。拡大率不同)

子房は柄がある・無毛

2 ケショウヤナギ　**3 マルバヤナギ**　**4 タチヤナギ**　**14–1 キツネヤナギ**

子房は柄がある・無毛 ／ 子房は柄がある・無毛〜有毛

21 コマイワヤナギ　**1 オオバヤナギ**　**10 ノヤナギ**

子房は柄がある・有毛

23 コリヤナギ　**26 ユビソヤナギ**　**27 ヤマヤナギ**　**5 オオタチヤナギ**

子房は柄がない〜ほとんどない・有毛

9–2 ウンリュウヤナギ　**13 オオキツネヤナギ**　**17 エゾノキヌヤナギ**　**22 イヌコリヤナギ**

※写真では柄や子房が苞にかくれてやや見にくい

| 15 ミヤマヤナギ | 18 エゾヤナギ | 19 シバヤナギ | 20 シライヤナギ |

子房は柄がある・有毛

| 11 タライカヤナギ | 12 バッコヤナギ | 15 ミヤマヤナギ | 16 オノエヤナギ |

子房は柄がない〜ほとんどない・有毛

| 6 ジャナヤギ | 7-1 シロヤナギ | 8 ヨシノヤナギ | 9-1 シダレヤナギ |

| 24 カワヤナギ | 25 ネコヤナギ |

子房は柄がない〜ほとんどない・無毛

| 7-2 コゴメヤナギ |

ヤナギ属の種の冬芽 （高山のヤナギを除く。拡大率不同）

対生・互生

22 イヌコリヤナギ **23 コリヤナギ**

らせん生・有毛〜無毛・紡錘形〜長楕円形

7-1 シロヤナギ **7-2 コゴメヤナギ** **9-1 シダレヤナギ** **9-2 ウンリュウヤナギ**

らせん生・有毛〜無毛・紡錘形〜長楕円形

20 シライヤナギ **24 カワヤナギ** **25 ネコヤナギ** **27 ヤマヤナギ**

らせん生・丸みがある

5 オオタチヤナギ **6 ジャヤナギ** **8 ヨシノヤナギ** **12 バッコヤナギ**

らせん生・有毛〜無毛・紡錘形〜長楕円形

2 ケショウヤナギ　**3 マルバヤナギ**　**4 タチヤナギ**

10 ノヤナギ　**16 オノエヤナギ**　**17 エゾノキヌヤナギ**　**19 シバヤナギ**

らせん生・無毛・扁平で先がくちばし状

1 オオバヤナギ　**11 タライカヤナギ**　**18 エゾヤナギ**　**21 コマイワヤナギ**

3 オオキツネヤナギ　**14-1 キツネヤナギ**　**15 ミヤマヤナギ**　**26 ユビソヤナギ**

ヤナギ属の種の托葉（葉の表面・拡大率不同）

有柄・有鋸歯

10 ノヤナギ　**24 カワヤナギ**

無柄・無鋸歯

16 オノエヤナギ　**17 エゾノキヌヤナギ**

先端は尾状に伸びる

5 オオタチヤナギ　**6 ジャヤナギ**　**7-1 シロヤナギ**　**7-2 コゴメヤナギ**

扇形・大型

1 オオバヤナギ　**3 マルバヤナギ**　**11 タライカヤナギ**　**12 バッコヤナギ**

扇形・中型

13 オオキツネヤナギ　**14-1 キツネヤナギ**　**14-2 サイコクキツネヤナギ**　**15 ミヤマヤナギ**

コラム1-2　ヤナギの花を観賞しよう

（→ p.19) ユビソヤナギ
黒色の花序…クロヤナギ（黒芽柳）
③開花寸前の葯の色（花粉を吐くまでのわずかな期間）
紫色…イヌコリヤナギ
赤紫色…コリヤナギ（小豆柳）
赤色…ネコヤナギ
黄色…多くのヤナギ、特にバッコヤナギ、シグレヤナギ、ミヤマヤナギ
④全開時（雄しべが花粉を吐き出した頃）

小型・鋸歯が少ない
- 19 シバヤナギ
- 20 シライヤナギ
- 21 コマイワヤナギ

- 8 ヨシノヤナギ
- 9-1 シダレヤナギ
- 9-2 ウンリュウヤナギ

- 25 ネコヤナギ
- 26 ユビソヤナギ

特殊（托葉上面に腺点を密布）
- 4 タチヤナギ

- 18 エゾヤナギ
- 27 ヤマヤナギ

托葉はない
- 2 ケショウヤナギ
- 22 イヌコリヤナギ
- 23 コリヤナギ

すべてのヤナギ。ただし雨にぬれると見苦しい。
⑤若葉の萌え出た頃
シダレヤナギ

長野県白馬村 8 月 11 日

1 オオバヤナギ

Salix cardiophylla Trautv. & C.A.Mey.

別名：トカチヤナギ。**分布**：北海道、本州（中部以北と鳥取県大山）。**生育地**：礫の多い冷涼な河原の近く。**樹形**：大高木。高さ 15–30 m、径 29–100 cm。**花期**：葉後性。6 月。**裸材**：隆起条はない。**雑種**：ケショウヤナギとの雑種にカミコウチヤナギ *Salix* ×*kamikotica* Kimura がある。**備考**：果実はヤナギの中で最も遅く熟し 8 月頃。かつては、子房の毛の有無で、オオバヤナギとトカチヤナギと区別していたが、中間形があるため区別しない。北海道でバッコの俎板（まないた）と呼んでいるのはこのオオバヤナギの板である。北海道のように、オオバヤナギが多数茂っている林では、葉の幅が細い個体が多く見られる。**挿木**：不可能ではないが難しいため、増殖は種子による。

♂

♂**花序** 細い長円柱形、長さ 7–11 cm、径 10–13 mm、花序は若枝に頂生し下垂する。

♂**花** 花糸は 5–10 本、長さは不揃いで 3.5–4 mm、離生し下部有毛。葯は黄色。苞は広倒卵形、淡黄緑色、長さ 3–4 mm、幅 1.5 –2 mm。腺体 2–3 個、黄緑色、卵形

♀

♀**花序** 細い長円柱形、長さ 9–10 cm、径約 0.8 cm、熟すと最長 16 cm にもなる。花序は若枝に頂生し下垂する。

♀**花** 花柱は 2 本。柱頭は深裂。子房は先の細い円柱状、有柄、無毛～上半部に灰白色の毛が密生。苞は倒卵形、淡黄緑色、花後に花柱とともに脱落。腺体 2 個、狭倒卵形、淡黄色

冬芽 卵形〜長楕円形、鋭頭。長さ1–1.3 cm。緑褐色。無毛。芽鱗は1枚で枝側で襟状に重なる。

※枝を曲げて撮影

樹皮 褐灰色。縦に割れ目が入る。

楕円形〜長楕円形。長さ8–20 cm、幅3–6 cm。先は尖る。はじめ軟毛があり、のち無毛

裏は粉白色。柄は長さ1–3 cm

葉序 互生

表　裏

葉縁 鈍鋸歯がある。

表

裏

托葉 大きい。扇形。残る。

若枝 紅褐色。光沢がある。新葉の縁は巻かない。

㊞（北海道中札内村産）　×1.0　（長野県白馬村産）㊞

♂ 長野県安曇村 5 月 14 日

2 ケショウヤナギ
Salix arbutifolia Pall.

分布：北海道（十勝、北見、日高）、本州（梓川上中流）。**生育地**：冷涼地の河原。**樹形**：大高木。20–30 m、径 1 m。**花期**：葉期性。上高地で 4 月中旬。**裸材**：隆起条はない。**類似種**：北海道では、枝が白い場合、エゾヤナギをケショウヤナギと混同することがある。**名称**：枝が白粉をかぶった姿から化粧柳の名がついた。学名の *arbuti* はツツジ科のアルブツス属のような、*folia* は葉の意。**雑種**：オオバヤナギとの雑種がカミコウチヤナギで雄雌とも発見されている。最初に木村有香が発見した株は枯死したが、今も稀に発見されている。**備考**：カバノキ科などの雄の尾状花序の中軸は、軟らかいため風に揺られやすく、風媒花の利点となっているが、ケショウヤナギの中軸はやや硬い。これは虫媒から風媒に変わったためと考えられている。花序ははじめ下向きだが、熟すと上向き。

挿木：普通の方法では不可能。

♂**花序** 円柱形、長さ 2.7–5 cm、径 5–6 mm、下垂する。柄は短い。

♀**花序** 細円柱形、長さ 2–4 cm、径 3.5–4 mm、下垂するが花後斜上する。短い柄がある。

♂**花** 花糸は 5 本、長さは不揃いで 1.2–2 mm、離生し無毛。葯は黄色。苞は狭倒卵形、上部淡紅色、下部淡黄緑色、長さ 1.8–2.5 mm、幅 1.6–1.8 mm。腺体はない。

♀**花** 花柱約 0.4 mm、柱頭は 2 本、2 深裂。子房は細長い狭卵状円錐形、淡黄緑色、長さ約 2 mm、無毛、柄 0.4–0.7 mm。苞は狭倒卵形、淡黄緑色、縁に毛。花柱と柱頭は花後脱落する。腺体はない。

冬芽 長楕円形、鋭頭。長さ3-7mm。無毛。芽鱗は1枚で枝側で襟状に重なる。

一年枝 白粉色。冬に紅色を帯びる。新葉は裏に巻かない。

二年枝 粉白色。若枝は晩秋～春にかけて紅色を呈する。

樹皮 褐灰色、縦に割れ目が入る。

狭長楕円形。長さ4-8 cm、幅0.9-2 cm。無毛

葉序 互生

葉縁 ないか、または細鋸歯が葉の上半部にある。

托葉はない

⊗表　⊗裏
× 1.0
（北海道中札内村産）

裏は粉白色、無毛。柄は長さ3-15 mm

コラム2　ヤナギの花は何色？

　普通の花なら、萼か花弁の色を答えればすむのだが、ヤナギではそう簡単ではない。ドクダミの花の白いのは総苞片の白である。

　ヤナギの場合、強いて答えるには、花序全体か、苞か、しべの色かなどどれかの部分を答えることになる。

　ネコヤナギの銀白色の穂は、苞についている毛の輝きだし、雄しべが顔を出したときは葯（花粉袋）の表面の紅色だし、花粉を出すと黄色となる。

　雌雄で苞の色が異なるタチヤナギは遠くから区別できる。クロヤナギが黒いのは苞に毛がないため黒い苞が丸出しになるためだ。ヤナギ類全体に言えることは、雄花序の方が大きく目立つ。切花になるのはどれも雄株である。

ヤナギ属の種

♂ 徳島県那賀町 4 月 6 日

3 マルバヤナギ

Salix chaenomeloides Kimura

別名：アカメヤナギ。**分布**：本州（山形、岩手以南）、四国、九州。**生育地**：湿地。**樹形**：高木。高さ 10–20 m、径 30–80 cm。普通一本立ちだが、株立ちもある。太枝は斜めに伸び、丸い樹冠を形成する。高さより枝張りの方が大きい。**花期**：葉後性。4–5 月。葉のついた小枝の先に花序をつける。**裸材**：隆起条はない。**特徴**：平地のヤナギの仲間では開花が最も遅い。理由は開葉した枝の先に花序をつけるため。目立つのは葉柄の基部にある托葉で、ボケの托葉と同形。そのため学名に「ボケに似た」の意味の種小名がある。**名称**：ヤナギ類の中で葉の幅が広いためマルバとついたが細い葉もある。別名のアカメヤナギは若葉の表が赤いから。フリソデヤナギを華道でアカメヤナギと呼んでいるがこれは花芽が赤いため。**雑種**：ない。**挿木**：容易。

♂**花序** 長円錐形、長さ約 7 cm。葉のついた枝先に花序をつける。柄がある。下出葉 5 枚前後

♀**花序** 円柱形、長さ 2–4 cm。柄がある。下出葉 4–7 枚、早落性

♂**花** 花糸は 3–5 本、長さ 3–4 mm、離生、中部以下有毛。葯は黄色。苞は長楕円形、黄緑色、長さ 2.5–3 mm、両面有毛、広楕円形。腺体 2 個が合着して環状

♀**花** 花柱は短い。柱頭は凹むか 2 裂。子房は卵形、長さ 1.5–2 mm、無毛、長い柄がある。苞は円形、淡黄緑色、有毛、宿存する。腺体 2 個が環状となって柄を囲む。

冬芽 三角形、尖頭。長さ5mm。褐色。無毛。光沢はない。芽鱗は1枚、枝側で重なる。

若葉 表は全面赤色

葉序 互生

樹皮 灰褐色。縦に割れ目が入るが、平行ではなく交叉するのが特徴

若枝 黄緑褐色。太くて無毛

↓付属葉
↓腺

葉柄に腺と付属葉がある（枠内）。

表　　　裏

葉縁 先端が腺で終わる微鋸歯。

表

裏

托葉 大きい。扇形。秋まで残る。

㊛　×1.0　㊝
（静岡県島田市産）

広楕円形〜狭楕円形〜狭長楕円形。葉の幅は変異が大きい。長さ9–15 cm、幅2–6 cm。両面無毛

裏は粉白色、無毛。基部の両側に小楕円形の腺と小さな葉状物がある。柄は長さ1–1.8 cm

♂ 新潟県魚沼市 6 月 7 日

♂	♀

4 タチヤナギ

Salix triandra L.

分布：日本全土。**生育地**：水辺によく生える。河川では下流部に群落を作る。**樹形**：大低木～小高木。タチヤナギの樹形は名前から受ける印象と異なり、一本立ちにならず雑然とした姿の株が多く、枝が密に入り組んでいる。**花期**：葉期性。関東で 4 月。**裸材**：隆起条はない。**特徴**：雄しべが 3 本は他のヤナギにはない。雄株の花盛りは全体が黄色くなり目立つ。新葉の中央部が赤褐色なのもよい区別点。樹皮は褐色で、縦に割れず不規則に剥がれ落ちるので幹を見ただけで特定できる。**雑種**：発見されていない。**挿木**：容易

♂花序 やや狭円錐形の円柱形、長さ 4–6 cm、径約 8 mm、直立する。柄がある。下出葉 3–5 枚

♀花序 やや狭円錐形の円柱形、長さ 4–6 cm、径約 8 mm、直立する。柄がある。下出葉 3–6 枚

♂花 花糸は 3 本、長さ 4–6mm、下部有毛。葯は黄色。苞は狭倒卵形、黄色、長さ 1.9–2.5mm。♀花と異なるため、遠くから♂♀の株が識別可能。腺体 2 個、黄緑色、腹腺体は卵状長楕円形、背腺体は線形

♀花 花柱は短い。柱頭は浅裂。子房は卵状楕円形、淡緑色、無毛、長い柄がある。苞は狭長卵形、淡黄緑色、外面有毛。腺体 1 個、黄色

冬芽 三角形〜卵形、尖頭。長さ7mmほど。淡褐色。無毛と有毛がある。光沢はない

樹皮 灰褐色。他のヤナギと違い縦に割れず、薄片状に反り返りはがれる。

狭長楕円形。長さ6–15 cm、幅1.3–2.5 cm。側脈は平行脈、両面無毛

葉序　互生

若枝 灰緑褐色。無毛。白粉をかぶることが多い。密に出る。

葉縁 先端が腺で終わる細鋸歯

托葉 腎臓形。上面に腺が密布。早落性

葉柄に腺がある（矢印）。

若葉 葉の中央部は赤褐色を帯びる。新葉の縁は裏に巻かない。

（表）× 1.0
（長野県大町市産）

（裏）裏は淡白緑色。柄は長さ9–15 mm

ヤナギ属の種

♀ 高知県四万十市 3月21日

5 オオタチヤナギ

Salix pierotii Miq.

分布：北海道（南西部）、本州（北陸、近畿以西）、四国、九州。**生育地**：湿地。**樹形**：高木、一本立ち。高さ15 m。**花期**：葉期性。暖地で3月下旬、北地で4月中旬。**裸材**：隆起条はない。**類似種**：ジャヤナギによく似ているが、ジャヤナギには雄株がない。ジャヤナギの葉に比べ、本種の葉の最大幅の位置が中央部に近い所にある。葉の裏はジャヤナギの方がより白い。本種の花序は球形に近く、ジャヤナギは丸みを帯びた円柱形。**雑種**：ネコヤナギとの雑種をリュウゾウジヤナギと呼び、稀に植栽される。

挿木：容易

♀花の腺体。

♂花序 長楕円形〜楕円形、長さ2-2.5 cm、径7-9 mm。短い柄がある。下出葉2-3枚

♂花 花糸2本、長さ3-4mm、下方で合着、基部有毛。葯は紅色。苞は楕円形〜卵状楕円形、淡黄緑色、長さ1.9-2 mm、幅約1 mm、外面有毛、内面無毛。腺体2個、黄色、腹腺体（枝側）は広卵形、背腺体は狭長楕円形

♀花序 楕円形、長さ0.9-1.5 cm、径5-9 mm。短い柄があいる。下出葉3-5枚

♀花 花柱は0.8-1 mm。柱頭は淡緑色。子房は卵形、長さ1.2-1.8 mm、密毛で覆われ柄はない。苞は卵形、淡黄緑色、有毛。腺体は普通1個、稀に2個

冬芽 卵形。鋭頭。長さ約 4 mm。褐色。有毛または無毛。枝に密着

樹皮 灰褐色。割れ目は縦に平行

新葉

若枝 緑褐色。はじめ有毛、のち無毛。分岐点で折れやすい。

表は濃緑色、無毛

狭長楕円形。長さ 9–15 cm、幅 1.2–3 cm。先が鋭く尖る。

(表) ×1.0 (徳島県阿南市産) (裏)

葉序 互生

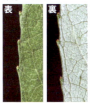

葉縁 鋭細鋸歯

托葉 先が鋭く尖る。早落性

裏は淡緑白色、無毛。

柄の長さ 13–17 mm

♀ 和歌山県かつらぎ町 3月23日

6 ジャヤナギ

Salix eriocarpa Franch. & Sav.

別名：オオシロヤナギ。**分布**：本州、四国、九州。**生育地**：低湿地。**樹形**：高木。高さ 9–10 m、径 20–30 cm。**若枝**：緑色か灰褐色。無毛。分岐点で折れ易い。**裸材**：隆起条はない。**花期**：葉期性。3–4 月。**特徴**：雄株は発見されておらず、外来種の可能性も指摘されている。日本で自然に繁殖している理由は不明。葉の裏の白さは 5 月以後になるとオオタチヤナギの葉裏より粉白になる。**類似種**：オオタチヤナギによく似ている。オオタチヤナギの雌花の腺体は普通 1 個、稀に 2 個。ジャヤナギの雌花には常に 2 個ある。5 オオタチヤナギの解説参照。**備考**：中国には雄株があり、雄しべの葯は紅色と言われている。**挿木**：容易

腺体

♂は日本には生育していない

♀花序 楕円形、長さ 1.5–2 cm。径約 8 mm。柄はほとんどない。下出葉 2–3 枚

♀花 花柱は長い。柱頭は外曲。子房は卵形、長さ約 2 mm、柄はない。苞は楕円状卵形、淡黄緑色、子房と共に白色軟毛密生。腺体は 2 個、淡黄色、腹腺体は卵形、背腺体は線形

冬芽 狭三角形、扁平、鋭頭。両脇に稜がある。長さ5 mm。淡褐色。無毛。

新葉

若枝 緑色か灰褐色。無毛。分岐点で折れやすい。

葉序 互生

葉縁 鋭細鋸歯

樹皮 灰褐色。縦に深い割れ目が入る。

狭長卵状楕円形。長さ10–15 cm、幅2–3.5 cm。先は尖る。

托葉 先が鋭く尖る。

表は濃緑色、無毛

裏は粉白色、無毛

× 1.0 (表) (裏)
（京都府久美浜町産）

柄は長さ9–18 mm

♂ 長野県小谷村 4月17日

7-1 シロヤナギ

Salix dolichostyla Seemen
subsp. *dolichostyla*

分布：北海道、本州（東北、北陸地方）。**生育地**：川原とその近く。**樹形**：高木。一本立ち。高さ 10–25m、径 30–100 cm。樹冠は丸くなる。**花期**：葉期性。4月。多雪地では 5月上旬まで。**裸材**：隆起条はない。**類似種**：コゴメヤナギ、ヨシノヤナギ。シロヤナギの方がコゴメヤナギより花序と葉が大きく、子房は有毛。ヨシノヤナギの葉の裏は淡緑色で、西日本に分布する。**名称**：葉の裏が白いことによるが、樹皮の色もコゴメヤナギより淡い。**巨木**：山形県最上郡戸沢村大字津谷に天然記念物の巨木があり、JR 陸羽西線津谷駅から遠望できる。**雑種**：シダレヤナギとの雑種にミチノクシダレがある。**挿木**：容易

♂	♀

♂**花序** 円柱形、長さ 2.5–4.5 cm、径 6–10 mm。柄は短い。下出葉 2–4 枚

♀**花序** 円柱形、長さ 2.5–3 cm、径 4–5 mm。柄は短い。下出葉 2–4 枚

♂**花** 花糸 2本、長さ約 4 mm、下部有毛。葯は黄色。苞は倒卵状楕円形、淡黄緑色、長さ約 2 mm、幅 1–1.5 mm。腺体 2個、黄色で形が異なる

♀**花** 花柱は約 0.7 mm。柱頭は線形。子房は卵形、白色軟毛密生、短い柄がある。苞は倒卵状楕円形、淡黄緑色、基部は無毛、長さ約 2 mm。腺体 1個

冬芽 卵形、鈍頭。長さ約4mm。暗褐色。細毛がある。

新葉 裏に巻かない。

若枝 緑褐色。無毛。平滑。枝は分岐点で折れやすい。

葉序 互生

樹皮 灰褐色。縦に割れ目が入る。

狭長楕円形。長さ 9–10 cm、幅 1–2 cm

裏は粉白色、軟毛がある。

表は濃緑色

㋮

㋱

柄は長さ 3–8 mm

(新潟県糸魚川市産)

× 1.0

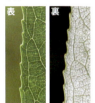
葉縁 浅い鋸歯

托葉 先が鋭く尖る。早落性

種別	7-1 シロヤナギ	7-2 コゴメヤナギ	8 ヨシノヤナギ
分布	北海道、東北、北陸	近畿以東〜関東	近畿以西、四国
葉裏の色	粉白色	灰白色	光沢のある淡緑色
子房の毛	白色軟毛密生	ない、または基部のみに少量ある。	白毛密生
♂花序の長さ	2.5–4.5cm	1.9–2cm	2–3cm
♀花序の長さ	2.5–3cm	1–2cm	1–1.2cm

※3者のうち、ヨシノヤナギの葉が最も厚く感じられ、花柱が長い。

♂ 静岡県島田市 3 月 15 日

7–2 コゴメヤナギ

Salix dolichostyla Seemen
subsp. *serissifolia* (Kimura) H.Ohashi
& H. Nakai

分布：本州（福島県以南、関東、中部地方南部、近畿の一部）。**生育地**：河原とその近く。**樹形**：高木。一本立ち。高さ 25 m まで、径 1 m まで。**花期**：葉期性。平地で 4 月上旬頃。**裸材**：隆起条はない。**ノート**：シロヤナギの分布と接触する福島県では、区別が難しいが、葉と花序が小さい、子房はほとんど無毛なのが区別点。シロヤナギと別種とされていたが現在はシロヤナギの亜種となっている。**備考**：幼木の葉は写真とは異なり、より小さく、長楕円形で、先は尖らない。**挿木**：容易。**雑種**：ミヤマヤナギとの間にトウゲヤナギ、シラレヤナギとの間にシロシダレヤナギがある。

♂	♀

♂**花序** 円柱形、長さ 1.9–2 cm、径 5–8 mm。有柄。下出葉 4–7 枚	♀**花序** 円柱形、長さ 1–2 cm、径 2–5 mm。有柄。下出葉 4–7 枚
♂**花** 花糸 2 本、長さ 5–6 mm、下部有毛。葯は黄色。苞は楕円形、淡黄色、長さ約 2 mm、幅約 1 mm、外面基部のみ有毛。腺体 2 個、黄色、腹腺体は卵形、背腺体は線形	♀**花** 花柱は短い。柱頭は細く 2 裂。子房は長卵形、基部にのみ少し毛があるか無毛、無毛に近い。苞は楕円形、黄緑色、内面無毛。腺体 1 個

冬芽 卵形、鈍頭。長さ 3–4 mm。暗褐色。細毛

新葉

新条 緑色。微毛のち無毛。成長した枝は分岐点で折れやすい。

葉序 互生

樹皮 暗褐色

葉縁 細鋸歯

狭楕円形。長さ 4–7 cm、幅 0.9–1.2 cm。先は尖る。

表は濃緑色で光沢がある。

裏は粉白色、両面無毛

裏が淡緑色のものもある。

柄は長さ 2–6 mm、細軟毛がある。

托葉 斜卵形。小さく、先が鋭く尖る。

（山梨県韮崎市産） （神奈川県小田原市産）

× 1.0

コラム 3-1　ヤナギの開花とはどの時点？

　ネコヤナギの葯は紅色で、ルーペで見ると美しいがそれも花粉を出すまでだ。　早春、花芽を包んでいた芽鱗を脱いで、銀色の穂が顔を出した頃を、ヤナギの開花と感じている人が多い。実際はこの時点はまだ蕾であって、真の開花とはこの後だ。

　雄花と雌花とでは開花時点の見方が違う。雄花の方は簡単で、雄しべが頭を出し、葯（花粉袋）がパンクした時が開花だ。花序は数百個の小さな花が穂の基の方から順に咲き上ってくるから、全部咲き終わるにはいく日か必要だ。　（→ p.43）

ヤナギ属の種

♂ 和歌山県かつらぎ町 3 月 24 日

8 ヨシノヤナギ

Salix yoshinoi Koidz.

分布：本州（近畿、中国）、四国。
生育地：河川とその近く。**樹形**：高木、一本立ち。高さ 10–20 m。**花期**：葉期性。4 月上旬。**裸材**：隆起条はない。**類似種**：コゴメヤナギとは分布が東と西に分かれているが、多くの点で似た形をしているので、省略して異なる点は p.39 下の表を参照。**雑種**：ネコヤナギとの雑種にスミヨシヤナギがある。**挿木**：容易。**ノート**：ヨシノヤナギに似たものに葉の裏が白いウラジロヨシノがあり、研究者によっては、ヨシノヤナギとは別種、あるいは同種、無視するなどされているが、木村有香は品種として扱っている。ヨシノヤナギに詳しい山口純一は今後さらなる検討が必要としている。

♂	♀

♂**花序** 円柱形、長さ 2–3 cm、径約 8 mm。柄は短い。下出葉 3–5 枚

♀**花序** 長楕円形、長さ 1–1.2 cm、径約 6 mm。柄は短い。下出葉 3–5 枚

（山口純一原図）　（山口純一原図）

♂**花** 花糸 2 本、長さ 3–4 mm、基部に少し毛。葯は黄色。苞は楕円形、鈍頭、淡黄色、長さ約 2 mm、外面有毛、内面ほぼ無毛。腺体 2 個、腹腺体は卵形、背腺体は長楕円形

♀**花** 花柱は 0.7–1 mm。柱頭は外曲。子房は卵形、淡黄色、白毛密生、柄は短い。苞は楕円形、淡黄色、下部有毛。腺体 1 個

冬芽 卵形、鈍頭。
暗褐色。細毛

新葉

若枝 緑褐色。無毛

長楕円形。
長さ 4–8 cm、幅 1–2 cm。
鋭頭

裏は光沢の
ある淡緑色

葉序 互生

表 / 裏

葉縁 細鋸歯

樹皮 暗褐色。割れ目は縦に平行

表は濃緑色。
主脈以外無毛

表 / 裏
× 1.0
（高知県いの町産）
柄は長さ約 6mm

表

裏

托葉 斜卵形、先が鋭く尖る。

コラム 3-2　ヤナギの開花とはどの時点？

（→ p.41）ネコヤナギの葯は紅色で、ルーペで見ると美しいが、それも花粉を出すまでだ。生花でクロヤナギを用いているのはこの蕾のときで、真黒の姿に価値がある。花粉を出したクロヤナギなんて、見られたものではない。

人間の都合とは違い、ヤナギの方は目立つ花弁がない代わりに腺体から蜜と芳香を出して花蜂の仲間を呼んで花粉を運んでもらっている。
（→ p.47）

♂ 北海道美唄市 5月7日

♂	♀

9–1 シダレヤナギ

Salix babylonica L.

原産地：中国。植栽地：平地なら、北海道東部、北部を除きどこでも育つが、水辺では成育が速い。**樹形**：高木。細い枝は下垂する。高さ20 mにもなる。**花期**：葉期性。暖地では3月上旬、北海道では4月下旬–5月上旬。**裸材**：隆起条はない。**備考**：ロッカクヤナギ f. *rokkaku* Kimura は京都の六角堂から広まった。枝が特に細長く、地面近くまで下垂する。葉は枝と同じ方向を向く。花序は上向きに曲がる。東北地方で植えられているオオシダレという枝の枝垂れるヤナギは、枝も太く、葉が大きく、長さ10–20 cm、幅2.3–4 cmになる。由来は不明。**雑種**：シロヤナギ、コゴメヤナギとの雑種があり、枝は少し下垂する。**挿木**：容易。**考察**：枝先が枝垂れかかっていても、完全に枝垂れないものは雑種と考えられる。

♂**花序** 円柱形、湾曲して上を向く。長さ3–4 cm、径7–8 mm。短い柄がある。下出葉3–5枚

♀**花序** 円柱形、長さ1.9–2 cm、径3.5–5 mm。短い柄がある。下出葉3–5枚

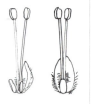

♂**花** 花糸は2本、長さ3–5 mm、無毛。葯は黄色。苞は卵状楕円形、淡黄色、長さ1.9–2 mm、外面に密毛。腺体2個、黄色。腹腺体は広卵形、背腺体は線形

♀**花** 花柱は短い。柱頭は凹む。子房は卵形、長さ2 mm、無毛、柄はない。苞は卵状楕円形、淡黄色、外面に毛が密生、長さ1.9–2 mm。腺体は腹側に1個、楕円形、黄色

冬芽 長卵形、鈍頭。長さ 3–5 cm。緑褐色。無毛

新葉

葉序 互生

樹皮 灰褐色。太くなると縦に割れ目が入る。

葉縁 細鋸歯

細長い線形。長さ 8–13 cm、幅 1–2 cm。無毛。先は鋭く尖る。

花序は徐々に上を向く。

托葉 小さい。

表は濃緑色

裏は粉白色。柄は長さ 9–10 mm

（表）　（裏）

× 1.0

（静岡県島田市産）

♀ 秋田県鹿角市 5 月 6 日

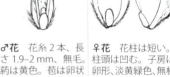

9–2 ウンリュウヤナギ

Salix babylonica L. 'Tortuosa'

原産地：中国。**植栽地**：庭園。野生化もある。**樹形**：高木。高さ 3–20 m、径 5–60 cm。枝は曲がりくねり、ややしだれる。**花期**：葉期性。4 月上旬。**裸材**：隆起条はない。**備考**：日本では雌株はまれだが、岩手大学植物園に雌雄ともある。本種類はペキンヤナギ（旱柳）の変種とされていたが、H. Ohashi & Yonekura（2015）などによると、ペキンヤナギはシダレヤナギと同種（変種）であり、本種類はシダレヤナギの捩じれた品種とされた。ペキンヤナギの枝は直線状で密に茂り、葉は扁平、♂花序は円柱形、長さ 1–1.5cm。♀花序はこれよりやや小さい。♂花は葯は黄色、花糸 2 本、腺体 1 個。日本では栽培はまれ。**挿木**：容易。

♂**花序** 円柱形、長さ 2–2.5 cm、径 8–9 mm。短い柄がある。下出葉 3–4 枚

♀**花序** 楕円形、長さ 1.2–1.5 cm、径 5–6 mm。短い柄がある。下出葉 3–4 枚

♂**花** 花糸 2 本、長さ 1.9–2 mm、無毛。葯は黄色。苞は卵状長楕円形、淡黄緑色、長さ 1–1.2 mm。外側の下部有毛。腺体 1 個

♀**花** 花柱は短い。柱頭は凹む。子房は卵形、淡黄緑色、無毛、苞は卵状楕円形、淡黄色、有毛。腺体 1 個

冬芽　新葉　花序は上を向く。

葉序　互生

樹皮　灰褐色。縦に割れ目が入る。　若枝　枝　曲がりくねる。

葉縁

長さ9–10cm、幅0.8–2cm。細長く先は尖る。表裏に大きく波打つ。

裏は粉白色。柄は短い。

托葉

表　×1.0　裏
（秋田県鹿角市産）

コラム3-3　ヤナギの開花とはどの時点？

（→p.43）　一方雌花の方は、いつ開花したのか見るのが難しい。正確に決めるには、ルーペで腺体の頭に蜜が出ている時だがこれは面倒だ。同種の雄花があればその時点で答えられるが、雄株が発見されていない雑種は多い。雌花序はいつ開花したのか判然としないのにぐんぐん伸びて行く。特にオオキツネヤナギは開花時の3-4倍もの長さになって熟す。図鑑の中で記した雌花序の長さとは初めの頃の短い数値である。

♀ 熊本県阿蘇市 4月14日

10 ノヤナギ

Salix subopposita Miq.

別名：ヒメヤナギ。**分布**：九州（北部）、山口県と四国にもあったが現況不明。**生育地**：草原。**樹形**：高さ 30–50 cm の小低木。株立ち。幹は細い。それに対して根は太く、強固。**花期**：葉前性。4月上旬。**裸材**：低くわずかな隆起条がある。**特徴**：葉の縁は裏面に細く巻く。草原の火入れで枝先が枯れる。**名称**：草原に生えるので野柳となった。別名の姫柳は小柄なことからで、低地に生える最も小さなヤナギ。学名は互生に対生が混じるその性質を示している。**備考**：丈が低いため見つけにくいが、著者が観察した見やすい場所の一つとして、JR豊後森駅の南に見える巨大な切り株状の丘がある。**挿木**：細い枝では難しいため、増殖は根元に土を盛り、幹に発根させて株分けする。栽培は容易だが、日陰に弱い。

♂	♀

♂花序 広楕円形、長さ 1.9–2.7 cm。径約 9 mm。柄はない。下出葉 2–3 枚	♀花序 広楕円形、長さ 0.8–1 cm、径 5–7 mm、熟すと長さ 2 cm 近くなる。柄はない。下出葉 2–3 枚
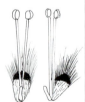 ♂花 花糸 2 本、長さ 4.5–5.5mm。葯は紅色か橙色。苞は倒卵形、上部黒色、基部は淡黄緑色、長さ 1.5 mm、有毛。腺体 1 個	♀花 花柱はごく短い。柱頭は 2 裂。子房は狭卵形、淡緑色、短毛密生、有柄。苞は倒卵形、上部黒色、基部は淡黄色、有毛。腺体 1 個

冬芽 卵形、鋭頭。長さ4–5 mm。褐色。有毛。光沢はない。

新葉 葉表を内側にして二つ折れに出現し、成葉の縁は裏に巻く。

若枝 暗灰褐色。灰色の短毛密生、のち無毛。極めて細い。枝は密に出る。

葉序 互に対生が混じる。

長楕円形。長さ2–4 cm、幅 0.9–1 cm。やや肉厚

表は葉脈が凹む。

裏は粉白色。伏毛がある。葉脈が凸出

（表）　（裏）

× 1.0

柄は長さ 1–3 mm

（大分県玖珠町産）

葉縁 鋸歯はない。成葉になっても縁は裏に巻く。

托葉 斜卵形

コラム4　柳絮（りゅうじょ）

　ヤナギの仲間は、子房が熟すと蒴果が割れ、種子は綿に包まれた柳絮となり、微風に乗って遠くまで飛んでいく。絮（じょ）とは綿（わた）の意だ。

　俳句では柳絮は晩春の季語で、これが飛んでいく様子を感動的に表現した俳句に「静けくも梢はなるる柳絮かな」がある。

　種子の寿命は数日間と言われているが、冷凍保存で長くなる。逆に種子の発芽は極めて速い。実験するには小皿に水を入れ、柳絮のまま水に浸す。何時間で発芽したか記録しておくと論文を書くのに役立つ。

　親から受けた栄養はここまでだから、観察を続けるには化成肥料を何粒か入れて、陽の当たるところに置く。何 cm かに伸びたら絮のついたまま鉢土に移植する。裂開しない蒴の付いた枝を持ち帰り、乾燥すると割れて出た柳絮でも発芽能力があるから、旅先で採ったものも役立つ。

北海道別海町 9 月 3 日

11 タライカヤナギ
Salix taraikensis Kimura

分布：北海道（東部、北東部）。宗谷〜北見〜釧路の線以東に特に多い。生育地：陽当たりの良い適湿地。樹形：大低木。高さ 5 m。株立ち。花期：やや葉前性。5–6 月。裸材：隆起条は短く散生。類似種：バッコヤナギに似ているが、葉が薄く両面無毛。自生地はバッコヤナギのように普遍的でなく限定的。名称：タライカは樺太の地名。ＲＬ（レッドリスト）：準絶滅危惧種。挿木：困難。暖地での栽培は難しい。

♂花序　広楕円形、太く短い。長さ 2.3–3.8 cm、径 1.8– 2.5 cm。柄は長さ約 7 mm。下出葉 3–4 枚

♀花序　長楕円形、長さ 2–2.7 cm、径 0.7–1.4 cm。柄は長さ約 7 mm。下出葉 3–4 枚

♂花　花糸 2 本、無毛。葯は黄色。苞は長楕円形、上部褐色〜黒色、下部淡黄緑色、長さ 2.3–2.6 mm、幅 0.8–0.9 mm、両面に軟毛密生。腺体 1 個、黄色

♀花　花柱は長さ 0.6–0.7mm。柱頭は 2 裂。子房は狭卵形、白絹毛密生、長さ 2.3–3 mm。柄は長い。苞は長楕円形、上部黒色か褐色、下部淡黄緑色、両面に長軟毛密生。腺体 1 個、長さ 0.4– 0.7 mm、淡黄緑色

冬芽 長楕円状卵形、扁平、鈍頭。長さ 8–11 mm、幅 3–4 mm。褐色。無毛。稜がある。

蕾 黒い芽鱗が残る。

若枝 黄褐色〜赤褐色。はじめ有毛のち無毛

葉序 互生

樹皮 暗灰色。縦に短く割れる。

新葉

葉縁 鈍鋸歯

倒卵状楕円形か菱形状楕円形。長さ 6–10 cm、幅 2–3.5 cm。両面無毛

托葉 半心形、長さ 1.3–6 mm

㊤ 表は濃緑色で光沢がある。上面に溝がある。

× 1.0

㊦ 裏は灰青色。側脈 10–13 対。柄は長さ約 1.6 cm

(北海道中標津町産)

♀ 長野県大町市 4 月 14 日

12 バッコヤナギ

Salix caprea L.

別名：ヤマネコヤナギ。**分布**：北海道、本州（近畿以東）、四国。**生育地**：丘陵〜山地〜亜高山帯下部の明るく乾いた所。**樹形**：高木。樹高 10–15 m、径 10–30 cm。**花期**：葉前性。3 月下旬–4 月上旬。**裸材**：隆起条がある。北海道には隆起条の少ないもの、ないものがある。**特徴**：果序は特に長く 10 cm にも伸びる。葉の裏面の綿毛は秋の末に減少。幼苗にはこの毛がない場合があり、キツネヤナギと間違えやすい。**雑種**：相手種はネコヤナギ、イヌコリヤナギ、オノエヤナギ、エゾノキヌヤナギ、シバヤナギ（多い）、オオキツネヤナギ、キツネヤナギ、シライヤナギ、ユビソヤナギ。**備考**：北海道東部産の隆起条のない個体を亜種エゾノバッコヤナギとしていたが、現在は本種に合一している。**用途**：俎板（まないた）に使われたと言われるが、現在は太い木がなく、北海道でバッコの俎板というのはオオバヤナギの板である。**挿木**：容易。

♂	♀

♂**花序** 楕円形、長さ 3–5 cm、径 2.5–3 cm、大きくて目立つ。柄は長さ約 5 mm。下出葉 3–4 枚

♀**花序** 長楕円形、長さ 2–4 cm、径 1.4–1.7 cm。柄は長さ約 1 cm。下出葉 3–4 枚

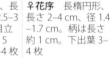

♂**花** 花糸 2 本、長さ 8–10 mm、無毛。葯は黄色。苞は長楕円形、上部黒色、長さ 3–4 mm、両面に長軟毛密生。腺体 1 個、卵形

♀**花** 花柱は短い。柱頭は淡黄緑色。子房は基部卵形、上部は円錐形、白毛密生、柄は長く 2–3 mm、有毛。苞は長楕円形、長さ 3–4 mm、上部黒色、両面に長軟毛密生。腺体 1 個、卵形

冬芽 卵形、鈍頭。長さ 5–7 mm。紅褐色。無毛。光沢がある。枝に密着しない。

樹皮 暗灰色。縦に浅く割れる。

若枝 褐色。有毛のち無毛。枝は太く本数は少ない。

葉序 互生

葉縁 波状鋸歯

托葉 扇形、早落性

新葉 縁は裏に巻く。

表は深緑色、光沢がある。葉脈凹む。

楕円形〜長楕円形だが幅の狭いものがある。
長さ 10–15 cm、幅 3–4.5 cm。
先は尖る。肉厚

裏全面に白色縮綿毛密生

(表)　(裏)
(山梨県鳴沢村産)　× 1.0

柄は長さ 1.9–2.5 cm
※写真はやや小型の葉
(秋田県鹿角市産)

♂ 新潟県糸魚川市 4月20日

13 オオキツネヤナギ
Salix futura Seemen

分布：本州（中部以北）。北限は秋田・青森県境まで。新潟県には特に多い。稀に関東地方の低山・丘陵。**生育地**：林道脇、山麓など陽のよく当る所。**樹形**：中低木。株立ち。高さ 1.9–2 m。栽培すると高さ 3–4 m。**花期**：葉前性。3–4 月。**裸材**：隆起条は強く密に出る。幹の太いものは皮の外から察しがつく。**特徴**：隆起条は最も強い。花芽が黄色いため華道では「金芽柳」の名で使われる。**類似種**：キツネヤナギ。**雑種**：ネコヤナギ、イヌコリヤナギ、オノエヤナギ、シライヤナギ、バッコヤナギとの雑種が知られている。イヌコリヤナギとの雑種は多産する。**奇形**：♀花序が多数分岐する、「九尾の大狐」と名づけられた株がある。枝は細く、先がややしだれる。**名称**：苞の毛の色がキツネ色のキツネヤナギよりすべて大型のため。**挿木**：やや難しい。

♂**花序** 円柱形だが先は細くなる。長さ 5–7 cm、径 10–13 mm。柄がある。下出葉 3–7 枚

♀**花序** 円柱形だが先は細くなる。長さ 5–7 cm、径 8–10 mm。柄がある。下出葉 3–7 枚

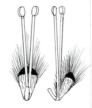

♂**花** 花糸 2 本、長さ 3–6 mm、無毛。葯は黄色。苞は楕円形、上半部暗褐色、下半部淡黄緑色、長さ 1.7mm、幅約 0.9 mm、白色軟毛密生。腺体 1 個、楕円形、淡黄緑色

♀**花** 花柱は短い。柱頭は 2 浅裂。子房は狭卵状円錐形、緑色、軟毛密生、柄はほぼない。苞は楕円形、長さ 1.7 mm、幅約 0.9 mm、上半部暗褐色、下半部黄緑色、白色軟毛密生。腺体 1 個、楕円形

葉序 互生

冬芽 大型。狭卵形、鈍頭。長さ約1.5 cm。硫黄色。無毛。帯褐色の株も稀にある。

樹皮 灰褐色。太くなると濃淡の筋模様が現れる。

裸材 表面に強く密な隆起条がある。

葉はヤナギ属中最大になる。

葉縁 低鋸歯

若枝 太く、数は少ない。黄緑褐色。無毛

托葉 夏までに脱落

若葉 帯紅褐色。表は白綿毛で覆われる。

長楕円形〜楕円形。長さ 8–20 cm、幅 3–8 cm。先は尖る。

裏は粉白色、脈上に長い軟毛がある。

柄は長さ 1–2 cm

表（新潟県湯之谷村産）　×1.0　裏（山梨県北杜市産）

♀ 新潟県魚沼市 4月14日

14-1 キツネヤナギ

Salix vulpina Andersson subsp. *vulpina*

分布：北海道、本州。東北地方〜北陸にかけてに多く、関東地方東部まで。**生育地**：丘陵〜山地。**樹形**：低木、株立ち。高さ 1–2m。**花期**：葉前性。4月。高地では 5–6 月まで。**裸材**：強い隆起条がある。**亜種**：サイコクキツネヤナギがある。相違点は p.12 参照。**雑種**：下表参照。イヌコリヤナギとの雑種は多産する。オノエヤナギ、バッコヤナギとの雑種は少ない。**名称**：苞の毛の色がキツネ色であることに因る。**挿木**：やや難。

花後の♂花序は苞の色がキツネ色

●キツネヤナギの雑種

	キツネヤナギ
オノエヤナギ	ハコダテヤナギ
バッコヤナギ	センダイヤナギ
イヌコリヤナギ	ツガルヤナギ

♂**花序** 円柱形、長さ 3–5 cm、径 6–10 mm。柄は短く、密に毛が生える。下出葉 3–5 枚

♀**花序** 円柱形、長さ 3–5 cm、径 5–8 mm。柄は短く、密に毛が生える。下出葉 3–5 枚

♂**花** 花糸 2 本、長さ 4–5 mm、無毛。葯は黄色。苞は楕円形、上部褐色〜暗褐色、下部淡黄緑色、両面にキツネ色の長毛に白毛が混じる。腺体 1 個

♀**花** 花柱は短い。柱頭は凹む。子房は狭円錐形、無毛、有柄。苞は楕円形、上部褐色〜暗褐色、下部淡黄緑色、両面にキツネ色の長毛に白毛が混じる。腺体 1 個。

冬芽 狭卵形、鈍頭。長さ約6 mm。硫黄色。無毛

樹皮 灰褐色。割れ目は不定

裸材 表面に隆起条

葉序 互生

表は濃緑色、しわ状。脈上に錆色の毛がある。

長さ9–12 cm、幅 3–5.7 cm。楕円形か倒卵形。先は急に尖る。両面無毛

若枝 枝数は少なく、やや太く、黄緑褐色。無毛

葉縁 低鋸歯

托葉 宿存性

裏は粉白色か淡緑色。柄は長さ 9–13 mm

新葉

（秋田県仙北市産）

× 1.0

（秋田県鹿角市産）

♂ 京都府京丹後市 4月11日

14-2 サイコクキツネヤナギ

Salix vulpina Andersson
subsp. *alopochroa* (Kimura) H.Ohashi & Yonek.

分布：本州（愛知県中部以西）、四国、九州。**生育地**：丘陵、山地。**類似種**：基準亜種のキツネヤナギと多くの点で同じ特徴をもつが、花序の基部に下出葉がまったくないか、またはきわめて小さいこと、雄花序はキツネヤナギの雄花序よりはるかに太く短い点で異なる。**品種**：苞に毛がないものをカンサイキツネヤナギ f. *psilostachys* (Kimura) H.Ohashi & Yonek. という。**雑種**：下表参照。東日本のキツネヤナギの雑種と下記の雑種との区別は難しい。**挿木**：やや難。

●サイコクキツネヤナギの雑種

	サイコクキツネヤナギ
オノエヤナギ	ヤマトヤナギ
バッコヤナギ	コンゴウバッコヤナギ
イヌコリヤナギ	ヒラオヤナギ
ネコヤナギ	ロッコウヤナギ

♂花序　円錐形、長さ3-4 cm、径約2 cm。柄は短い。下出葉はまったくない、またはきわめて小さい。

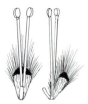

♂花　花糸2本、無毛。葯は黄色。苞は楕円形、上部褐色〜暗褐色、下部淡黄緑色、両面にキツネ色の長毛に白毛が混じる。腺体1個

♀花序　円柱形、長さ3-5 cm、径5-8 mm。柄は黄色。下出葉まったくない、またはきわめて小さい。

♀花　花柱は短い。柱頭は凹む。子房は狭円錐形、無毛、有柄。苞は楕円形、両面にキツネ色の長毛。腺体1個

冬芽 狭卵形、鈍頭。長さ約1cm。硫黄色。無毛

芽出し

樹皮 灰色。割れ目は不定

葉序 互生

苞 茶色の長毛がある。

隆起条 枝の径は1.5cm

葉縁 低鋸歯がある。

托葉

表は濃緑色、しわ状、無毛。脈上に毛がある。

楕円形か倒卵形。先は急に尖る。

裏は淡緑色、無毛。柄は長さ8–10 mm。脈上に毛がある。

× 1.0 (京都府京丹後市産)

♂ 栃木県那須町 5月19日

15 ミヤマヤナギ

Salix reinii Franch. & Sav. ex Seemen

別名：ミネヤナギ。**分布**：北海道、本州（中部以北）。**生育地**：亜高山帯を中心に、山地の風衝地から高山まで。**樹形**：高さ 30 cm–7 m まで。小低木〜小高木まで変異の幅が広い。樹勢が強い。**花期**：葉期性。5–6月。**裸材**：隆起条がある。**類似種**：葉だけの標本ではヤマヤナギとの識別は難しい。分布はまったく異なり、ヤマヤナギは西日本の丘陵〜低山に生育するので、産地の確認が必要。**雑種**：大雪山系のミヤマヤチヤナギとの雑種に、オオミヤマヤチヤナギがある。コゴメヤナギとの雑種トウゲヤナギが記録されているが現況は不明。**備考**：北海道の高山に生育し、ミヤマヤナギに似るが鋸歯がより不明瞭な種をエゾミヤマヤナギとしていたが本種と同一とされた。この形の株は、樽前山山頂で高さ 30 cm、黄褐色の幹で這っているのが見られる。**挿木**：容易だが暖地では栽培は難しい。

♂	♀

♂**花序** 円柱形、長さ 2.5–6 cm、径 10–12 mm。有柄。下出葉 4–5 枚

♀**花序** 円柱形、長さ 2.5–5 cm、径 5–7 mm。有柄。下出葉 4–5 枚

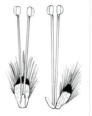

♂**花** 花糸 2 本、離生。葯 2 個、黄色。苞は卵状楕円形、上部黒褐色、下部淡黄緑色、長さ 1.9–2 mm、両面有毛。腺体 1 個

♀**花** 花柱はやや長い。柱頭は 2 裂。子房は狭卵形、無毛または基部有毛、柄がある。苞は卵状楕円形、上部黒褐色、下部淡黄緑色、両面有毛。腺体 1 個

冬芽 狭卵形、やや鈍頭。長さ6-8 mm。黄褐色。無毛

樹皮 暗灰色。割れ目は不定

新葉 縁は巻かない。

葉序 互生

若枝 黄褐色〜暗褐色。やや太く無毛

托葉 小さい。

葉縁 鋸歯がある。

楕円形〜倒卵形、変異が大きい。
長さ 4-9 cm、幅 2.5-5 cm。
両面無毛

表は濃緑色　　　　裏は粉白色

柄の長さ 10-18 mm

× 1.0
(群馬県草津町産)

61

ヤナギ属の種

♂ 群馬県片品村 5 月 31 日

16 オノエヤナギ

Salix udensis Trautv.& C. A. Mey.

別名：ナガバヤナギ。**分布**：北海道、本州（近畿以東）、四国。**生育地**：低地〜亜高山帯下部、河原や谷間の水に近い所に多産するが、平地にも生える。**樹形**：高木。高さ 8–15 m、径 10–25 cm。**花期**：葉前性。低地で 3 月、高地で 4-5 月。**裸材**：隆起条はない。**特徴**：枝先の新葉の縁は先端を除いて強く裏に巻く。繁殖力が強く、大群落をつくる。**名称**：牧野富太郎が四国の山地で発見したため山上の柳の意味で尾上柳とつけたが、四国には少なく、北地で普通に見られる。**雑種**：イヌコリヤナギとの雑種は多産する。次いでキツネヤナギ及びオオキツネヤナギ、カワヤナギとの雑種も多い。シバヤナギ、コマイワヤナギ、シライヤナギとの雑種は自生が稀。**奇形**：枝が帯状になった蛇竜柳と称する枝を花材にする。一つの花序の下半分が♂で、上半分が♀花が集まる株がある。**挿木**：容易。

♂花序 円柱形、長さ 2–4 cm、径 10–12 mm。下出葉 3–4 枚

♀花序 細い円柱形、長さ 2.5–4cm、径 8 mm。下出葉 3–4 枚

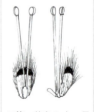
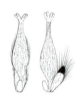

♂花 花糸 2 本、長さ 6–8 mm、無毛。葯は黄色、頭頂部は紅色を帯びる。苞は長楕円形、鈍頭、上半部暗褐色、長さ 2–3 mm、両面に白色軟毛密生。腺体 1 個、長さ約 1 mm、淡黄緑色

♀花 花柱はやや長い。柱頭は 2 浅裂。子房は卵形楕円形、白色短毛密生、柄は短い。苞は長さ 2–3 mm、長楕円形、鈍頭、上半部暗褐色、両面に白色軟毛。腺体 1 個、長さ約 1 mm

果軸が外から見える。

表は暗緑色、光沢があり、無毛

裏は淡緑白色か粉白色、無毛か短毛散生

冬芽 卵形、鈍頭。長さ5-7mm。褐緑黄色。無毛が普通だが有毛のこともある。枝に密着する。

葉序 互生

葉縁 波状鋸歯。裏に巻く。

樹皮 灰褐色。若いうちは平滑で、菱形の皮目がある。大きくなると浅い割れ目が入る。

新葉 裏巻きに出現する。成葉の縁は裏に巻く。

托葉 斜卵形、先は尖る。縁は裏に巻く。

細長い卵形。長さ10-16cm、幅1-2.3cm。先端は鋭く尖る。

側脈は不明瞭。柄は0.8-1.2cm。

若枝 赤黄褐色。有毛または無毛

(表) (裏)

（北海道中標津町産）

♂ 北海道中標津町 4月22日

17 エゾノキヌヤナギ
Salix schwerinii E. L. Wolf

分布：北海道、本州（東北地方北部、上高地）。**生育地**：本州では河原、北海道では平地のいたる所。**樹形**：大低木か小高木。株立ちまたは一本立ち。高さ5m。**花期**：葉前性。自生地では4–5月。**裸材**：隆起条はない。**特徴**：小枝に灰色の長毛が密生する。**雑種**：ネコヤナギとの雑種をミヤコヤナギと言い、雄雌とも生存。バッコヤナギとの雑種もある。
備考：自生種がエゾノキヌヤナギ、栽培品種がキヌヤナギ 'Kinuyanagi' とされた。キヌヤナギは雄株のみで、野外にもかなり逸出して見られる。両者のわずかの違いは、葉の裏の絹糸光沢が栽培品の方が強いことと、花序が密につくこと。**名称**：葉裏に絹のような光沢があることから。
挿木：容易。

♂ **花序** 長楕円形、長さ2.5–3.5cm、径1.9–2cm、枝に密につく。柄はない。下出葉3–5枚

♀ **花序** 長楕円形、長さ2.5–3.5cm、径1.9–2cm、枝に密につく。柄はない。下出葉3–5枚

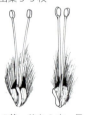

♂ **花** 花糸2本、長さ7–10mm、無毛。葯は黄色。苞は狭楕円形、上部黒褐色、長さ2–3mm、白軟毛密生。腺体1個、線形、淡黄緑色

♀ **花** 花柱は細長い。柱頭は2浅裂。子房は卵形、白色短毛密生、柄は無柄に近い。苞は狭長楕円形、鋭頭、長さ3–3.2mm、幅約2mm、上部黒褐色、長軟毛密生。腺体1個

北海道中札内村 5 月 5 日

18 エゾヤナギ
Salix rorida Laksch.

分布:北海道、本州(上高地)。**生育地**: 河原、河畔。**樹形**:高木。一本立ち。15m以上、径1m。**花期**:葉前性。4月上旬。**裸材**:隆起条はない。樹皮の内面は黄色。**品種**:枝垂れるものをシダレエゾヤナギ f. *pendura* Kimura、苞の両端に腺のないものをコエゾヤナギ f. *roridiformis* (Nakai) kimura ex H.Ohashi と呼ぶ。**注意**:小枝が白いのでケショウヤナギと混同する人がいる。**雑種**:北海道にネコヤナギとの雑種にヨイチヤナギがある。**見やすい所**:北海道特産と思われて名にエゾがついたが、上高地にもある。4月29日の開山祭には雄花序はすでに落下している。**挿木**:容易。関東以西でも若木のうちは育つが、大木にはならない。

♂**花序** 楕円形、長さ 4–5 cm、幅 20 mm。柄はない。下出葉 3–5 枚

♀**花序** 楕円形、長さ 2.5–4 cm、径 10–15 mm。柄はない。下出葉 3–5 枚

(山口純一原図)

♂**花** 花糸2本、長さ5mm、無毛。葯は黄色。苞は長卵形〜狭倒卵形、上半部黒色、下半部淡緑色、長さ 2–3 mm、両端に多数の腺があり、両面に白色長軟毛密生。腺体1個、長楕円形、長さ約 0.5 mm

♀**花** 花柱は長い。柱頭は 2 浅裂。子房は長卵形、無毛、柄は長さ約 1 mm。苞は長卵形〜狭倒卵形、上半部黒色、下半部淡緑色、長さ2–3 mm、両端に多数の腺があり、両面に白色長軟毛密生。腺体1個、長楕円形、長さ約 0.5 mm

冬芽 楕円形〜卵形、鈍頭、先が凸出。長さ 1.8 cm、径 0.8 cm。黄褐色〜紅褐色。無毛

新葉 表巻きに出現する。成葉の縁は裏に巻かない。

若枝 緑褐色、無毛。白ろう質に覆われる。平滑

葉序 互生

樹皮 灰褐色。割れ目は縦に平行

狭長楕円形。長さ 8–12cm、幅 1.9–2.5 cm。両面無毛

葉縁 細鋸歯がある。

托葉 大型で目立つ。明瞭な斜卵形、遅くまで残る。

裏は粉白色

㊲  ㊱　柄は長さ 5–8 mm

× 1.0
（北海道北見市産）

67

♂ 神奈川県箱根町 4月18日

♂	♀

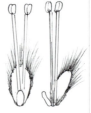	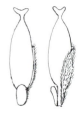

19 シバヤナギ
Salix japonica Thunb.

分布：本州（関東南部以西〜愛知県）。富士箱根周辺は特に多い。**生育地**：丘陵〜低山までの乾燥した斜面、崖、岩場。**樹形**：低木。株立ち。高さ 1–2 m。栽培すると 4 m になる。**花期**：葉期性。3月下旬–4月中旬。**裸材**：隆起条がある。**特徴**：細長い花序。葉は両面無毛だが、新葉の両面に毛があるものは品種キヌゲシバヤナギ f. *fauriei* (Seemen) Kimura とされる。鋸歯がヤナギの中で最も鋭い。小枝は水平より下がるものが多い。**名称**：柴のように小枝がよく茂るヤナギの意。柴とは燃料や垣根に用いる細い枝の束。**雑種**：イヌコリヤナギとの雑種はフジヤナギでやや稀。最も多く見られるものはバッコヤナギとの雑種シグレヤナギ。オノエヤナギとの雑種シバオノエヤナギは極めて稀。ほかにネコヤナギとの雑種ネコシバヤナギの記録があるが現況不明。**挿木**：やや難。

♂花序 狭長円錐形、長さ 3–9 cm、径 5–8 mm。柄は短い。花と花に隙間がある。下出葉 2–3 枚

♀花序 狭長円錐形、長さ約 4 cm、径約 5 mm。柄は短い。花と花に隙間がある。下出葉 2–3 枚

♂花 花糸 2本、長さ 2–3 mm、ほぼ無毛。葯は黄色。苞は長卵形、淡黄色、長さ 1.5–2 mm、毛が散生。腺体 1個

♀花 花柱は短く、先は柱頭に至る。柱頭は 2裂。子房は長卵形、無毛、柄はない。苞は♂とほぼ同じ。腺体 1個

冬芽 卵形、鋭頭。長さ約 5 mm。褐色。無毛

新葉 表巻きに出現する。成葉の縁は裏に巻かない。

樹皮 灰褐色。割れ目はない。

卵状楕円形〜狭楕円形。長さ 4–12 cm、幅 1.3–3 cm。先は細く伸びる。両面無毛

葉序 互生

鋭歯 鋭い粗鋸歯

托葉性 小さい。早落性

（表）×1.0 （山梨県北杜市産）

（裏）裏は粉白色、無毛。柄は長さ 0.9–1.2 cm

（山梨県山中湖町産）

コラム5 ヤナギ属の害虫

　ヤナギの害虫は、幹を食う害虫、葉を食う害虫、虫こぶをつくる害虫に分けられる。最も恐ろしいものは幹を食うものでいわゆる鉄砲虫だ。細いうちに地際を食われると枯れてしまう。親虫はコウモリガなど。葉を食うのはヤナギルリハムシなど。ヤナギのバラと言う虫こぶをつくるのはヤナギシントメタマバエでイヌコリヤナギにつく。ほかにもヤナギの枝に虫こぶをつくるタマバエがいくつもいる（p.90 も参照）。

山梨県甲斐市 8 月 6 日

20 シライヤナギ

Salix shiraii Seemen var. *shiraii*

分布：蔵王山〜八ヶ岳までの標高1000–1500 m の山岳地帯。**生育地**：山地の岩場、崖。**樹形**：小低木。株立ち。高さ 0.2–1 m 程度。**裸材**：隆起条がある。**一年枝**：黄褐色。微毛は後に消える。水平に出て先端はやや下垂。**花期**：葉期性。5 月上旬。**類似種**：コマイワヤナギ。生育地の条件は同じだが、コマイワヤナギの方が葉の幅が狭く、鋸歯は低い。**変種**：秩父山系の石灰岩地には変種チチブヤナギ var. *kenoensis* (Koidz.) Sugim. が分布するとされる（p.72 参照）。**雑種**：バッコヤナギ、イヌコリヤナギ、オオキツネヤナギ、オノエヤナギとの雑種がある。**挿木**：やや難。

♂	♀

♂花序 狭円錐形、長さ 2.5–4 cm、径 6–7 mm。柄は細く、白毛がある。下出葉 2–3 枚

♀花序 狭円錐形、長さ 2.5–3 cm、径約 5 mm。柄は細く、白毛がある。下出葉 2–3 枚

♂花 花糸 2 本、長さ 5–6 mm、無毛。葯は黄色。苞は楕円形、淡黄緑色、長さ 1–2 mm、両面に白軟毛密生。腺体 1 個、0.5–0.6 mm、長楕円形、淡緑色

♀花 花柱は長さ 0.3–0.5 mm。柱頭は 2 裂。子房は狭卵形、無毛、柄は長さ約 1.5 mm。苞は楕円形、淡黄緑色、白軟毛密生。腺体 1 個

冬芽 長卵形、鋭頭。長さ約5mm。濃赤褐色。

若葉 赤みを帯びる。

若枝 黄褐色。微毛は後に消える。水平に出て先端はやや下垂。無毛

葉序 互生

樹皮 灰褐色。割れ目は不定

卵形、枝先の葉は長楕円状卵形。長さ4.5–8cm、幅2–4cm。先は尖る。

葉縁 先端以外に鋭い細鋸歯がある。

托葉 小さい。

(表) 表は鮮緑色、光沢があり、無毛

(裏) ×1.0 (山梨県甲斐市産)

裏は粉白色、基部にのみ軟毛

基部は円形か心形
柄の長さ 6–10 mm

コラム6　シライヤナギの自生確認地

［群馬県］荒船山、赤城山、榛名山、天丸山、上州武尊、角落山、剣ノ峰、鼻曲山大天狗。［栃木県］いろは坂（多い）。［埼玉県］二子山、県境梓白岩（多い）、弁慶岩。［山梨県］三ッ峠山、茅ヶ岳（多い）、釜無川屈曲点の大岩。［長野県］御座山、蓼科山春日林道。［東京都］稲村岩、県境白岩山。［宮城県］箟々温泉の先の崖。このほか記録地があるが、いずれも標高1000–1500mの稜線か岩場。

コラム7　謎のヤナギ "チチブヤナギ"

チチブヤナギはこれまでシライヤナギと同種説、変種説、雑種説、別種説があり、問題のヤナギであった。関東山地を取り巻く4県のフロラ（植物誌）にはチチブヤナギが記録されている。その原記載の学名は *Salix kenoensis* Koidz.、種小名は「毛野国の」の意で、群馬・栃木両県の旧国名を用いている。その原記載には、チチブヤナギの雄しべは2本、花糸の基部は合着する、とあるので、同定には雄しべが途中でY字型に分岐することを確認する必要がある。

基準標本産地とされる肝腎の埼玉県武甲山では該当する株は見当たらず、石灰岩採掘により自生地は失われた可能性がある。そのため、2016年4月に他の産地とされる埼玉県二子山と山梨県茅ヶ岳を調査したが、やはり見当たらなかった。結果として、チチブヤナギに相当する標本と写真が得られなかったため、本図鑑には掲載していない。

その他の産地として埼玉県と長野県に接する三国山から甲武信岳までの区間の中間にある梓白岩という石灰岩の巨大岩塊地や、もっと先の弁慶岩にも記録があり、著者は夏に2度登っているが、葉で見る限りではシライヤナギにしか見えない。花の時期に詳しく調べたら見つけられるかもしれない。

雄しべがY字型に分岐する形は、雄しべ1本の種と2本の種との雑種には必ず出現する。チチブヤナギが雄しべ2本のシライヤナギと何かとの雑種とした場合、それは雄しべが1本の種でなければならない。関東地方で雄しべが1本の種はネコヤナギ、コリヤナギ、イヌコリヤナギ、カワヤナギ、ユビソヤナギの5種だが、コリヤナギ、ユビソヤナギはまず除外できる。ネコヤナギの場合、葉の側脈の曲線、花柱の長いことなどの特徴が出現しなければならない。イヌコリヤナギについては、すでにシライヤナギとの雑種は雌株が2系統発見されていて、雄しべの分岐は不明だが、葉にはイヌコリヤナギの形質が強く出るので、これも除外できる。カワヤナギの葉は狭長楕円形で、すでに発見されている雑種にはカワヤナギの形質が見られるため、これも除外。結論はチチブヤナギはシライヤナギと他種との雑種ではないことになる。

もともと雄しべ1本のものは2本が合着したもので、先祖返りしたと推定すると、シライヤナギの変種説が納得できる。H. Ohashi & Yonek. (2006) では、杉本順一の変種説を支持している。

カワヤナギには稀に花糸の先端が分岐したものがある。

▶チチブヤナギの♂と同定された標本の花序　1934年に久内清孝と原寛により武甲山で採集。ほぼすべての雄しべが明瞭に2分岐している。（写真／2点とも東京大学総合研究博物館）

チチブヤナギのタイプ標本 1901年に武甲山山麓で松田定久により採集されたもの。♀なので雄しべが確認できない。(撮影／米倉浩司)

♀ 長野県安曇村 5月19日

21 コマイワヤナギ

Salix rupifraga Koidz.

別名：イワヤナギ。**分布**：本州（群馬、山梨、長野県、静岡県北部、岐阜県）。**生育地**：岩場。崖。標高 1000–1500m。**樹形**：小低木。株立ち。高さ 0.2–1 m。**特徴**：葉痕が特に目立つ。**花期**：葉稍性。5月上〜中旬。**裸材**：隆起条がある。**類似種**：シライヤナギと生育地の条件が同じ。シライヤナギの方が葉幅が広く、鋸歯が明らか。**雑種**：イヌコリヤナギとの雑種は雄雌ともある。オノエヤナギとの雑種が知られている。バッコヤナギとの雑種も可能性がある。**自生確認地**：長野県坂巻温泉周辺の旧道（多）、山梨県大武川林道、日向山雁ヶ原。**名称**：甲斐駒ケ岳で最初に発見されたため、イワヤナギとつけようとしたが、ほかのヤナギの別名にもあるため、コマを頭につけた。**RL（レッドリスト）**：絶滅危惧II類。**挿木**：やや難。

♂ **花序** 長円柱形、先は尖る。長さ 2.5–4.5 cm、径 5–7mm。柄は長さ約 4 mm、白長軟毛密生。下出葉 2–3 枚

♀ **花序** 長楕円形、長さ 1.7–2.5 cm、径 5 mm。柄は長さ約 4 mm、白色長軟毛密生。下出葉 2–3 枚

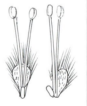

♂ **花** 花糸 2本、長さ 2–2.7 mm、無毛。葯は黄色。苞は楕円形、淡黄緑色、長さ 0.6–0.8 mm、幅 0.4–0.7 mm、両面に白色長毛密生。腺体 1個

♀ **花** 花柱は長さ 0.3–0.5 mm。柱頭は 2裂。子房は狭卵形、無毛、柄は長さ 0.5–0.6 mm。苞は♂と同じ。腺体 1個

冬芽 狭三角形、鋭頭。長さ約4mm。暗褐色。無毛。

若葉 両面に毛が密生する。

若枝 灰褐色〜緑褐色。細い枝を密に分岐し横に伸びる。はじめ白綿毛密生、のち無毛に近くなる。2年目になると葉痕が目立つ。

葉序 互生

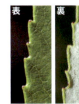
葉縁 細鋸歯がある。

托葉 小さいが、成長が盛んな枝では大きくなり、アゲハチョウ形になる。

樹皮 暗褐色。割れ目は不定

細毛があり、主脈上面に溝がある。

先が細る長楕円形。長さ 3–10 cm、幅 2–3 cm。先は尖る。

裏は灰白色。側脈は裏に凸出。柄は長さ 6–9 mm

× 1.0

（山梨県甲斐市産）

長野県大町市 4月14日

22 イヌコリヤナギ
Salix integra Thunb.

分布：日本全土。**生育地**：低地〜亜高山帯下部までの水辺近くに多いが、どこでも生育する。**樹形**：低木。高さ1.5–3 mのものが多いが、稀に6 mにもなる。すべて株立ちする。**花期**：葉前性。低地では3月。**裸材**：隆起条はない。**特徴**：対生に少し互生が混じる。葉の緑色が淡い。**名称**：コリヤナギに似ていて役に立たない意味だが、小川の護岸や斜面の急速緑化には、苗をつくらず、小枝を直接挿すのに役立つ。**雑種**：今までに10種が知られている。相手種はネコヤナギ、カワヤナギ、バッコヤナギ、シバヤナギ、シライヤナギ、コマイワヤナギ、キツネヤナギ、オオキツネヤナギなど。オノエヤナギとの雑種は多産する。**挿木**：極めて容易。

♂花序　細い円柱形、長さ3–3.5 cm、径0.6–1 cm。無柄に近い。下出葉3–4枚

♀花序　細い円柱形、長さ1.9–2.5 cm、径4–5 mm。無柄に近い。下出葉3–4枚

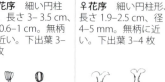

♂花　花糸2本が1本に合着、長さ3–4 mm、無毛。葯は紫紅色。苞は倒長卵形、長さ1.5–2 mm、上部黒色、有毛。腺体1個、狭卵形、黄緑色か紅色

♀花　花柱は特に短い。柱頭は2裂、黄緑色。子房は卵形、淡緑色、白色短毛密生。苞は倒長卵形、長さ1.5–2 mm、上部黒色、有毛。腺体1個、狭卵形、黄緑色か紅色

冬芽 対生と互生。卵形、鈍頭。長さ 5–8 mm。黄緑褐色。無毛

新葉 縁は巻かない。

蕾 黒紫色

葉序 対生が多いが互生も混ざる。

樹皮 若いうちは緑色。次第に暗灰色になる。割れ目は不定

若枝 黄緑褐色で細い。平滑。無毛。枝は上向きに伸びる。

虫こぶ（通称、柳のバラ）

葉縁 浅い低鋸歯

狭長楕円形。長さ 4–6 cm、幅 1.3–2 cm。両面無毛

先はかすかに尖る。　　葉の先が尖らないものもある

托葉は通常ない

基部円形。柄はほとんどないに近い。

㊤（山梨県北杜市産）　㊦　㊦（群馬県草津町産）

77

♂ 静岡県浜松市 10 月 8 日

23 コリヤナギ

Salix koriyanagi Kimura ex Goerz

分布：朝鮮半島原産の栽培種。兵庫県豊岡市、静岡県浜松市などで栽培。**植栽地**：水田、まれに庭園。野生化もある。**樹形**：低木。株立ち。高さ2–3m、径3–5 cm。枝は上向き。**花期**：葉前性。3月。**裸材**：隆起条はない。**用途**：皮を除いた小枝を編み、篭や弁当箱をつくる。雄花序のついた枝は小豆柳と称して生け花の材料にする。**品種**：栽培種のため葉の幅で3通りの品種があり、材質も差があるという。**雑種**：イヌコリヤナギとの雑種が存在する可能性がある。**挿木**：容易。**名称**：行李（こうり。衣類を入れる大きな篭で通風性が良い）をこのヤナギの小枝で作ったため、こうりヤナギが縮められ、コリヤナギになったという。

♂花序　細い円柱形、長さ 2–3 cm、径 8–9 mm、陽光に当たって曲がる。柄はない。下出葉 3–4 枚

♀花序　細い円柱形、長さ 1.5–3 cm、径 5–6 mm、陽光に当たると曲がる。柄はない。下出葉 3–4 枚

♂花　花糸1本、長さ約3 mm、基部有毛。葯は濃紅色。苞は倒卵形、上部黒色、中部淡紅色、長さ 1.9–2 mm、両面に白色軟毛。腺体1個、紅色

♀花　花柱はごく短く、ないに等しい。柱頭は紅色。子房は狭卵形、白色短毛密生、無柄。苞は倒卵形、上部黒色、中部淡紅色、長さ 1.5–2 mm、両面に白色軟毛。腺体1個、紅色

新葉

樹皮 灰色。平滑

葉序 対生に互生が混じる。

冬芽 対生（上）、互生（下）ともにある。長楕円形。先は尖る。長さ6–8 mm。黄褐色

若枝 淡黄緑色。長く真上に伸びる。平滑。無毛。

葉縁 微鋸歯

表は深緑色

狭い線形。長さ 5–11 cm、幅 9–12 mm。両面無毛

托葉は通常ない

裏は粉白色。側脈は不明瞭

柄はほとんどない。

(兵庫県豊岡市産)

(静岡県天竜市産)

× 1.0

北海道八雲町 8 月 26 日

24 カワヤナギ

Salix miyabeana Seemen
subsp. *gymnolepis* (H.Lév. & Vaniot)
H.Ohashi & Yonek.

分布：北海道（南西部）、本州。北海道には基準亜種のエゾノカワヤナギ *S. miyabeana* subsp. *miyabeana* が分布。**生育地**：水辺に近い所に多い。**樹形**：小高木。高さ6–7m、径10–30 cm。**花期**：葉前性。4月。**裸材**：隆起条はない。**エゾノカワヤナギとの比較**：一見してエゾノカワヤナギの葉は極めて細長く、カワヤナギの葉は、中央部分より先の方が最も幅広のへら型をしているものが多い。花柱はエゾノカワヤナギの方がより短く、柱頭が子房に直結したように見える。**雑種**：カワヤナギとの雑種をつくるのはネコヤナギ、イヌコリヤナギ、オノエヤナギ、ジャヤナギ。**名称**：本来はナガバカワヤナギと称した。これはネコヤナギをカワヤナギと言ったため、区別する必要があった。**挿木**：容易。

♂**花序** 円柱形、長さ 4–6 cm、径 8–10 mm。陽が当たると極端に曲がる。無柄。下出葉 3–4 枚

♀**花序** 円柱形、長さ 4–6 cm、径 8–10 mm。陽が当たると極端に曲がる。無柄。下出葉 3–4 枚

♂**花** 花糸2本が1本に合着、稀に途中まで合着して先が分岐する。長さ 3–5 mm、下部に短毛。葯は黄色。苞は倒卵形、上部黒色、中部紅色、下部淡黄緑色、長さ 1.5–2.5 mm、幅 1.3–1.4 mm、両面に白色長毛密生。腺体1個、卵形

♀**花** 花柱は極めて短い。柱頭は2裂。子房は卵状円錐形、長さ 5–6.5 mm、白毛密生、無柄。苞は倒卵形、黄色、毛は両面に密生。腺体1個

冬芽 長卵形、先は丸い。長さ 7–10 mm。黄褐色。無毛

蕾 全体が黒色

新葉

葉序 互生

裏は緑白色。側脈は目立たない。

花糸の途中で分岐した♂花

狭楕円形〜狭長楕円形。長さ 7–16 cm、幅 0.8–2 cm。成長すると両面無毛

柄は長さ 9–10 mm

カワヤナギ

葉縁 波状細鋸歯

托葉 長くて目立つ。

樹皮 灰色。平滑。古木になると縦に浅く割れ目が入る。

× 1.0

エゾノカワヤナギ

（長野県白馬村産）（長野県上田市産）　　　　　　　　　（北海道標津町産）

♀ 静岡県島田市 3月15日

♂	♀

25 ネコヤナギ

Salix gracilistyla Miq. var. *gracilistyla*

分布：日本全土。**生育地**：渓流、水田の水路沿い。**樹形**：小低木〜中低木。高さ 0.3–3 m。株立ち。稀に 5 m にもなる。這性から斜上、直立するものまで。**花期**：葉前性。3月、他のヤナギに先がけて花序を出す。**裸材**：隆起条はない。**変種**：近畿地方以西、四国、九州には変種チョウセンネコヤナギ var. *graciliglans* (Nakai) H.Ohashi が分布する。葉の下面は無毛。♂花序は長さ 1.9–2.5cm と小さい。**品種**：クロヤナギ f. *melanostachys* (Makino) H.Ohashi は苞が黒く、無毛のため、花序全体が黒く見える。ネコヤナギの突然変異で雄株が栽培され自生はない。**雑種**：ヤナギ類の中で最も雑種が多く 10 組み合わせ以上知られ、現存するもので多産するのはバッコヤナギ、ユビソヤナギとの雑種。ほかとの雑種は個体数は少ない。**名称**：学名の *gracilistyla* は花柱が長いという意味。**挿木**：極めて容易。

♂**花序** 長楕円形、長さ 3–5 cm、径 10–15 mm。柄はない。下出葉 3–5 枚

♀**花序** 長楕円形、長さ 2.5–4 cm、径 10–15 mm。柄はない。下出葉 3–4 枚

♂**花** 花糸は 2 本が完全に合着して 1 本、長さ 4–6 mm、無毛。葯は花粉を出す以前は美しい紅色。苞は長三角形、上部黒色、下部淡緑色、長さ 3–4 mm、両面に白色長毛密生。腺体 1 個、淡黄緑色

♀**花** 長い花柱が目立ち 2.5–3 mm、この形質は雑種にも出現する。柱頭は小さい。子房は狭卵形、白毛密生、無柄。苞は長三角形、上部黒色、下部淡緑色、両面に白色長毛密生。腺体 1 個

冬芽 大きな卵形、先は尖る。長さ1.7cm以下。褐色。

樹皮 暗灰色

新葉 表巻きに出現し、成葉の縁は巻かない。

葉序 互生

晩秋になると大きく肥厚した葉柄に包まれる。

若枝 褐色。はじめ灰色の毛が密生のち無毛

クロヤナギ ♂花序。苞が黒色。♀はない。

葉縁 細鋸歯がある。

両面に絹毛があるがのち無毛

長楕円形、鋭頭で肉厚。長さ7–13cm、幅1.5–3cm。幅は変異が大きい。

表は深緑色

托葉 半心形。長さ6–10mm

（長野県大町市産）

側脈14–18対、等間隔に弓曲して並び、葉縁に達する。

裏は灰白色で細毛が生える

柄は長さ0.9–2cm

ヤナギ属の種

群馬県みなかみ町 5 月 3 日

♂	♀

26 ユビソヤナギ
Salix hukaoana Kimura

分布：群馬、新潟、東北 5 県（青森県は未発見）。**生育地**：多雪地の礫の河原の周辺。**樹形**：大高木。高さ 10 m 前後のものが多いが、時に高さ 20 m、径 90 cm に達する（新潟県銀山平）。**花期**：葉前性。残雪の中で開花。4 月上旬。**裸材**：隆起条はない。**類似種**：オノエヤナギに似ているが、樹皮の色が暗く、花期が早い、花序が大きいなど、慣れれば識別は容易。**雑種**：ネコヤナギとの雑種は多産。ユビソヤナギ林の近くで、花序はユビソヤナギと同じように見えて、株立ちの低木はこの雑種。バッコヤナギとの雑種は雄株のみ。**備考**：1972 年湯檜曽川で発見された。発見が遅れたのはオノエヤナギと混生した河畔林を構成していたため。「皮をはいだ材が黄色」と書かれた文献が複数見受けられるが、これは誤り。実際は樹皮の内側が黄色。**挿木**：難しい。

♂花序　円柱形、長さ 3.5–5 cm、径 13–16 mm。柄はない。下出葉 3–5 枚

♀花序　円柱形、長さ 2.6–3.8 cm、径 7–10 mm。柄はない。下出葉 3–5 枚

♂花　花糸は合着して 1 本、長さ約 5 mm、無毛。葯は黄色、頭頂部は淡紅色を帯びる。苞は倒卵形、上部黒色、中部帯紅色、長さ 2.6–2.7 mm、幅 1.5–1.9 mm。両面に白色長軟毛密生。腺体 1 個、淡黄緑色、長さ 1.5–1.8 mm

♀花　花柱は長さ 1–1.8 mm。柱頭は 2 浅裂。子房は卵形、無毛、柄は長さ約 0.8 mm、無毛。苞は倒卵形、上部黒色、中部帯紅色、両面に白色長毛密生。腺体 1 個、淡黄緑色、長さ 1–1.5 mm

冬芽 大型、卵形、鈍頭。長さ約 1.3 cm。黄褐色。無毛。光沢がある。

新葉 裏巻きに出現し、成葉の縁は巻かない。

鋸歯 横から見ると上に反り返る。

葉序 互生

樹皮 黒褐色。大木になると暗灰褐色になる。割れ目は縦に平行

樹皮の内面 3年枝以上の皮の内面は明るい黄色

若枝 紫黒色。はじめ有毛のち無毛

葉縁 腺状鈍鋸歯

表は深緑色、細毛があり、光沢がある。主脈有毛。側脈は15–24 対、平行な曲線を描き葉先に向かう。

托葉 小型、斜卵形、長さ 3–3.5 mm

長さ 12–17 cm、幅 1.7–2.5 cm の線形

裏は青灰色、はじめ有毛のち無毛。柄は長さ 1–1.6 cm

×1.0
（新潟県魚沼市産）
(表) (裏)

※写真はやや小型の葉

高知県いの町 7月17日

27 ヤマヤナギ
Salix sieboldiana Blume var. *sieboldiana*

分布：本州（近畿西半分以西）、四国、九州。**生育地**：丘陵〜低山。乾燥地に生える。**樹形**：低木〜大低木〜小高木。生育地の水分条件で大きさが異なる。**花期**：葉期性。3月下旬。**裸材**：隆起条がある。**特徴**：雄しべが1本と2本が混在する。**類似種**：葉の形はミヤマヤナギそっくりで、枝葉のみの標本では同定し難いが、分布がまったく異なるため、採取地の確認が大切。鹿児島県と宮崎県には、雄花の花糸のほとんどが1本になるサツマヤナギ var. *doaina* (Koidz.) H.Ohashi & Yonek. が記録されている。**備考**：西日本には花糸の本数、葉の形のちがいなどでツクシヤマヤナギ、オクヤマヤナギ、ハシカエリヤナギ、ホソバヤマヤナギ、サツマヤナギなどの類似種が記録されているが、ヤマヤナギの変異とされている。西日本の普通種、高知県天狗高原に大群落がある。**挿木**：容易。

♂**花序** 円柱形、長さ 3–5 cm、径 9–12 mm。柄はほとんどない。下出葉 2–3 枚

♂**花** 花糸2本が離生か途中で合着するものと、1本のものが混在するのが特徴。長さ 5–6 mm、下部に短毛。葯は黄色。苞は楕円形、淡緑色、先端のみ褐色、長さ 1–2 mm、先端の縁は有毛。腺体1個、淡黄緑色

♀**花序** 円柱形、長さ 3–5 cm、径 9–12 mm。柄はほとんどない。下出葉 2–3 枚

♀**花** 花柱は長さ約 1 mm。柱頭は2浅裂。子房は狭卵形、白色綿毛密生、長さ 2 mm まで、柄は長さ 1 mm 以下。苞は卵形〜楕円形、淡緑色か先端のみ褐色、両面に灰白色の長軟毛密生、長さ 1.9–2 mm。腺体1個、黄色、卵状長楕円形

冬芽 卵形、鈍頭。長さ約 10 mm。両側に稜がある。黄褐色

樹皮 暗灰色。割れ目は不定

新葉

葉序 互生

楕円形〜広楕円形。長さ 8–14 cm、幅 2.5–5 cm

若枝 緑褐色。はじめ綿毛があり、のち無毛

葉縁 波状鈍鋸歯

托葉

裏は粉白色。柄の長さ 12–25 mm

× 1.0
(愛媛県久万高原町産)

高山植物のヤナギ

　高山や亜寒帯のヤナギの仲間には地面を這うような種がある。日本には5種類が自生し、どれも絶滅危惧種に指定されている。共通点は雌雄別種、葉期性、花期は6–7月、花糸は2本、葯は紅色、腺体は1個。株の高さは20cm以下。高山植物であるから、採取はもちろん、登山道から踏み出すこともできないため、ロープ越しに観察・撮影するしかない。同定する要件は、場所（山名）、樹形、葉の形などがポイント。

♂　北海道大雪山 7月3日　撮影／梅沢 俊

28 エゾマメヤナギ
Salix nummularia Andersson

分布：大雪山系に限られる。**特徴**：日本のヤナギ類でもっとも小さな這性のヤナギで、蘚類（コケ）の高さに生育する。葉は長さ 6–15 mm。倒卵形。雄花序は球形に近い卵形で長さ1 cm。**備考**：見やすい場所は黒岳の平坦な草地だが、草丈より低いため、注意して探さないと見つからない。

♂　北海道大雪山 7月2日　撮影／梅沢 俊

29 ミヤマヤチヤナギ
Salix fuscescens Andersson

分布：大雪山系。自生地は限られ忠別岳、高根ヶ原。**特徴**：湿地に生える高さ 10–15 cm の這性の小低木。花序は長楕円形、長さ 3 cm、径 1 cm、側枝に頂生する。果序は 4–6 cm に伸びる。葉は倒卵形、長さ 1.8–3 cm、幅 0.6–2 cm、無毛。**雑種**：ミネヤナギとの雑種をオオミヤマヤチヤナギ *S. ×pseudopaludicola* Kimura と呼ぶ。ちなみにヤチヤナギはヤナギ科でなくヤマモモ科で、湿地に生える低木。

レンゲイワヤナギの仲間

　この仲間には、よく似たものが3種類があり、別種とされたり、そのうちの2種類は同一種とされたこともある。ここでは大橋広好の説に従い、3亜種として紹介する。この中で最初に発見されたところは本州中部の山岳で、その植物の学名は発見者名から *Salix nakamurana* Koidz. とされた。その後、北海道から2種発見され、別種として学名がつけられた。

30–1 レンゲイワヤナギ

Salix nakamurana Koidz.
subsp. *nakamurana*

別名：タカネイワヤナギ。分布：本州（中部地方の高山）。類似種：次に記すエゾノタカネヤナギに似ているが、それよりも葉の形は長楕円形か倒卵長楕円形になる傾向がある。名称：レンゲの名は、白馬岳の近くの大蓮華岳で発見されたことによる。その後、赤石山脈、八ヶ岳でも発見されたため、タカネイワヤナギの名の方が使われている。見やすい所：八ヶ岳の稜線。

30–2 エゾノタカネヤナギ

Salix nakamurana Koidz.
subsp. *yezoalpina* (Koidz.) H.Ohashi

分布：北海道大雪山、利尻岳。特徴：花序は小枝の先につき、植物体に比べて大きな円柱形となる。見やすい所：ロープウェイで登った黒岳の付近。中標津町では、庭や公園に植栽されたエゾノタカネヤナギをしばしば見かける。ルーツを聞くと海岸近くの岩場と言う。真の自生なら新分布地として保護が必要。

30–3 ヒダカミネヤナギ

Salix nakamurana Koidz.
subsp. *kurilensis* (Koidz.) H.Ohashi

別名：ハイヤナギ。分布：自生地は極めて少なく日高山脈、楽古岳、幌内岳、夕張岳など。特徴：高さ10–20cmの這性小低木。類似種：基準亜種のレンゲイワヤナギに似ているが、葉は広楕円形、基部は心形。葉脈の凹凸がより強く、裏面に網状の葉脈が目立つ。名称：学名の *kurilensis* は千島産の意味。先に付けられた和名はハイヤナギだが、別名のヒダカミネヤナギの方が聞きなれているので用いた。

ヒダカミネヤナギ♂　北海道ピパイロ岳6月19日　撮影／梅沢 俊

コラム 8　ヤナギにつく虫こぶ（虫えい）

ヤナギの和名
虫こぶの名前
虫の名前

5 オオタチヤナギ
| 不明 |
| 不明 |

6 ジャヤナギ
ヤナギエダマルズイフシ
ヤナギマルタマバエ

9-2 ウンリュウヤナギ

7-1 シロヤナギ
ヤナギエダマルズイフシ
ヤナギマルタマバエ

7-2 コゴメヤナギ
不明
不明

8 ヨシノヤナギ
ヤナギエダマルズイフシ
ヤナギマルタマバエ

22 イヌコリヤナギ
ヤナギシントメハナガタフシ
ヤナギシントメタマバエ

イヌコリヤナギハアカコブフシ
コブハバチ類

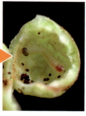

　"蓼食う虫も好き好き"という慣用句を我々はよく使う。これは人の好みは様々だという意味だが、この他にも心や体の状態を虫に置き換えた表現の、虫の知らせ、虫の息、虫がいい、虫が好かない、虫の居所、泣き虫、弱虫、本の虫…、など日本語には大変多い。このような表現は英語圏ではごく稀で、せいぜい本の虫（bookworm）くらいである。秋の虫の声が"物悲しく"聞こえるのは日本人だけ、西欧人にはただの騒音でしかないらしい。では果たして日本人にとって虫とは身近なもので親近感をもっているのかといえばそうでもなく、一部のマニア以外は虫

12 バッコヤナギ	24 カワヤナギ	2 ドロヤナギ	
不明	不明	ドロハトサカフシ	内部にいた虫
不明	不明	ドロトサカワタムシ	

が好きな人はあまりいない。

　さて、ヤナギを観察していると枝や葉に虫こぶを見つけることが多い。本業のヤナギ撮影のついでに写した虫こぶを紹介する。深く知見を得たい方は専門書を紐解いてください。

　虫こぶの形はじつに様々で面白い。虫こぶ図鑑で調べてみると、まず寄生する虫の名前が出ている、そして次にその虫によって作られた虫こぶの名前が続く。たとえばイヌコリヤナギにつく虫はヤナギシントメタマバエという蚊ほどの小さなタマバエで、その虫が作った虫こぶはヤナギシントメハナガタフシという名前である。すべてがこの記載方法であり、虫と虫こぶがセットで別々に固有名をもつ。これはたとえば"左甚五郎作／眠り猫"といったふうな感じで、虫が作者であり虫こぶは作品という訳である。確かに中には芸術品のような美しい虫こぶもあるが、見ていると体がかゆくなりそうな気味の悪い物もかなり多い。虫こぶの形成には昆虫だけでなく、ウイルス、バクテリア、菌類も関与するが、狭義の"虫こぶ"は昆虫の寄生によるものを指す。

　さてヤナギと寄生虫（ここでは主にタマバエ類）との関係だが・・・、
①寄生する親虫はヤナギの種類および寄生部位を見定め、新条や新葉が伸び始める頃（早春）を狙って産卵する。
②数日後（1週間前後）ふ化した幼虫は新条や新葉に即座に移動し、中に進入して虫こぶ形成が始まる。
③虫こぶは幼虫の生育室となる。
④虫こぶは寄生虫と樹種と部位によりおよそ形が決まっている。

　以上により、ヤナギ同定中に虫こぶを見つけたら同定候補を絞ることができる。また雑種についても同様である。たとえばヤナギシントメハナガタフシを見つけたら、まずイヌコリヤナギそのものか、あるいはその雑種であることを考慮して同定の的を絞っていく。以上、参考になれば幸いである。

（茂木 透）

参考文献
薄葉重．2003．虫こぶハンドブック．文一総合出版
湯川淳一・桝田長．1996．日本原色虫えい図鑑．全国農村教育協会

コラム9　ヤナギの季節感❶

　ヤナギの仲間は季節感を強く訴える力を秘めている。早春を感じさせるのは、葉前性のグループで、ネコヤナギ、ユビソヤナギ、エゾヤナギ、バッコヤナギ、フリソデヤナギで、どれも花序が大きく葉がまだ出ていないためよく目立つ。あたり一面冬の姿の中で銀白色に輝くのを見ると、春を先取りしているヤナギたちに感謝したい気持ちになる。

　多くの人はこの輝く姿を見て開花したと思っている。しかしこの状態は蕾の段階である。真の開花とはしべが外から見えるようになったときである。だが観賞価値のあるのは蕾のときで、しべが現れてくると観賞価値は劣る上に雄花序がボロボロ落下し始める。ヤナギは陽樹なので、明るい光が届かない所に置くと、いつまでもしべを出さず、蕾のまま枯れ、ドライフラワーになって一年中使える。

　多くの人がヤナギの美しさを知らないのは、冬の終わりの頃から野外観察に出歩かないで、夏のうっそうと茂った姿しか知らないためだ。

　葉前性のヤナギより少し遅れて春を告げるのが葉期性の仲間で、花序はずっと小さく、若葉と共に顔を出す。萌黄色の若葉と合わさって「やわらかに柳あおめる北上の・・・」という啄木の歌そのものの風情である。

　晩春のヤナギと言えば柳絮である。俳句で晩春の季題として数々の名作が残っている。白い絮（ジョ、わた）に包まり風に乗って飛んでいく様は、春の陽長（ひなが）をのんびり過ごすのにぴったりだ。

春を先取りするバッコヤナギ　まだ雪が残るなか、葉が出る前に花が咲き、春を先取りする。秋田県鹿角市4月30日

晩春の季題となる柳絮（オノエヤナギ）
白い絮（わた）に包まれた種子が風に乗って飛散する様は風流。愛媛県久万高原町5月30日

ヤナギ属の雑種

1 フカオヤナギ
2 フリソデヤナギ
3 チクゼンヤナギ
4 ミヤコヤナギ
5 ミョウジンヤナギ
6 ロッコウヤナギ
7 ヌシロヤナギ
8 リュウゾウジヤナギ
9 ナガバノネコヤナギ
10 イケノヤナギ
11 フジヤナギ
12 スガヤヤナギ
13 イヌコリシライヤナギ
14 コセキヤナギ
15-1 ヒラオヤナギ
15-2 ツガルヤナギ
16 イヌバッコヤナギ
17 カワイヌコリヤナギ
18 キヌノエヤナギ
19 カワオノエヤナギ
20 バッコオノエヤナギ
21 サカマキヤナギ
22 ハコダテヤナギ
23 オノエオオキツネヤナギ
24 オノエシライヤナギ
25 シバオノエヤナギ
26 バッコキヌヤナギ
27 シグレヤナギ
28 ドアイヤナギ
29 ナスノシグレヤナギ
30 センダイヤナギ
31 ナスノイワヤナギ

この図は、花糸が1本のネコヤナギと、2本のバッコヤナギとの雑種のフリソデヤナギの雄花で、普通は左の方のY字型だけだが、これは稀な現象で、雑種表現の一つのパターンである。

ヤナギ属の雑種

　日本のヤナギには雑種が多い。それがヤナギの同定を難しくしている原因の一つである。植物に詳しい人は、ヤナギには雑種ができやすいということを知っていても、具体的に理解している人は少ない。雑種は頻繁に発生しているのに多くの人は見過ごしてしまう。

　ヤナギの雑種とは種間雑種のことで、遺伝的にどんな形質が優性か、劣性か中間かを示す大切な資料だ。ヤナギの雑種として見ると、今までになかった有益な特性が発見される。一例として、乾燥地に生える種と湿地に生える種との雑種は、どこでも生育が良く、挿し木が容易な種とそうでない種との雑種は挿木が容易で、急速緑化の材料となる。

　著者は育種家ではないから、集めているのは自然雑種だけだが、より良い植物資源を求めて人工雑種をつくる人が出てくることを期待する。

■雑種をどう見分けるか

　雑種かそうでないかの識別は、雑種の親となる「種」のデータが頭に入っていて、複数の種の特徴をもちながら種のどれにも該当しなければ雑種と判断できる。ここで必要なのは種全部ではない。その地域に分布する種だけを対象にして判断すればよい。慣れてくると直感的に雑種と分かるようになる。

　雑種と判断したら、次は両親の推定だ。ネコヤナギとイヌコリヤナギはそれぞれ雑種が多く、しかも親としての形質が雑種に現れやすい。このような場合、一方は分かったとしても、もう片方の同定は難しい。その選択肢はその地域に分布するヤナギの中にあり、かなり狭められる。葉や小枝、樹形などの特徴を調べると親の顔が見えてくる。

■図鑑で雑種を調べる際の注意

　ヤナギの雑種の名前を調べる場合、調べたくともこれまでの図鑑ではほとんどが名前だけ並べてあるに過ぎない。そこでこの図鑑はできるだけ多くの雑種の生態写真と特徴を示す拡大写真、葉の表裏を示す実物大の写真、および花の拡大図を載せることにした。ただし限られた情報による「全体からのずれ」のあることを念頭に置いてほしい。もともと種内変異がある両種間で生じた雑種は、なお変異が大きくなる。1株の雑種の写真で種類を代表するには限界がある。また、雑種の説明内容は原記載に関係なく著者が育て観察した結果で、原記載と一致しないこともありえる。図鑑は一つの目安として利用してほしい。

■雑種をつくっていない種

　ヤマヤナギ、マルバヤナギ、エゾマメヤナギ、タカネヤナギ類、ノヤナギ、タチヤナギ、タライカヤナギ。以上は現在記録がないというだけで、将来発見される可能性がないとはいえない。コリヤナギについては正式な論文はないが、雑種があるらしい。

　次に記した雑種は学名の記載された原標本にその名を留めているだけ

で、生品の現況不明のものである。
トウゲヤナギ＝コゴメヤナギ×ミヤマヤナギ
ネコシバヤナギ＝ネコヤナギ×シバヤナギ
ヨイチヤナギ＝ネコヤナギ×エゾヤナギ
オクヤマサルコ＝オオキツネヤナギ×キツネヤナギ
ヒタチヤナギ＝ネコヤナギ×バッコヤナギ×オオキツネヤナギ
オオミヤマヤチヤナギ＝ミヤマヤナギ×ミヤマヤチヤナギ

以下に記した雑種は生存は確認されているが、写真が得られなかったものである。
カミコウチヤナギ＝ケショウヤナギ×オオバヤナギ（梓川水系）
シバキツネヤナギ＝シバヤナギ×キツネヤナギ（東北大学植物園）
シロシダレヤナギ＝コゴメヤナギ×シダレヤナギ
ワケノカワヤナギ＝ジャヤナギ×カワヤナギ（岡山県吉井川）
スミヨシヤナギ＝ネコヤナギ×ヨシノヤナギ　（東北大学植物園）

シバキツネヤナギの両親は分布が離れていて、自然分布での交配は起こり得ないが、東北大学植物園で植栽されている両親種の自然交雑によって生じたものである。シロシダレヤナギは樹形が両親の中間で、枝が下垂しかかっていながら下垂しないものがこれに該当する。

■**雑種を見つけるには**

ヤナギの仲間は種間雑種をつくりやすい。種を30種とすると、数学的には 30 ×（30 − 1）÷ 2 = 435 通りになるが、今までに正式に記載されたのは42雑種である。

そう簡単に交雑できない理由は、花期の違い、分布地が遠く離れていることのほかに遺伝的な相性の不具合などである。このような難関をすり抜けて交雑し、種子ができ、発芽し、成長したとしても研究者によって発見される機会も稀で、このように低い確率を掛けていった結果、発見された雑種は偶然の結果の産物で極めて貴重なものである。

このように貴重な存在を気が付かずに素通りしてしまうのを防ぐにはどうしたらよいか。それにはまず種の形質を自分の頭に入力しておいて「どれにも該当しないもの、不審なヤナギ」があったらそれは雑種か新種である。雑種の同定とは両親の推定であるが、すぐに分からなくても時間をかけて、冬芽、花、葉、樹形、隆起条などを観察し続けて推定するのである。

ヤナギ属はケショウヤナギ1種を除いて虫媒であるから、両親は必ず遠くない所に生えていることを念頭に置いて推測する。

最も雑種をつくりやすいのはネコヤナギとイヌコリヤナギで10雑種以上もある。これに次ぐのはオノエヤナギ、バッコヤナギ、カワヤナギである。一方、シバヤナギ、オオキツネヤナギ、キツネヤナギ、シライヤナギ、ユビソヤナギ、コマイワヤナギなどは雑種が少ない。

ヤナギ類には分布域が限定されるものもあるから、その地域外では候

補種としては除外できる。

　雑種の中には、雌雄一方しか発見あるいは生存していないものが多い。未発見の株を探すのもヤナギ研究のおもしろさだ。以下は未発見の雌雄株を示す。

フリソデヤナギ♂：現存するのは栽培品で、自生株はない。

♀株のみ発見：イヌバッコヤナギ、ミョウジンヤナギ、イヌコリシライヤナギ（イヌコリヤナギ×シライヤナギ）、オノエオオキツネヤナギ（オオキツネヤナギ×オノエヤナギ）

♂株のみ発見：ドアイヤナギ、サカマキヤナギ

■**雑種になっても残る形質（優性）と消える形質（劣性）、中間になる形質**

優性
①ネコヤナギの葉の側脈の平行した曲線（これは明らかに見られる）
②ネコヤナギの花柱の長い形質
③オノエヤナギなど新葉のへりが裏に巻く現象
④挿木の容易なものと不良なものとの雑種の挿木は容易
⑤イヌコリヤナギの葉身の形と色と短い柄
⑥子房の柄が長い形質
⑦バッコヤナギの葉柄が長い形質

劣性
①イヌコリヤナギの葉の対生（この性質は消えるが対生に近い形が所々に出ることがある）

中間の形質
①隆起条のある種とない種の場合、弱くなって残る。
②花糸1本の種と2本の種の組み合わせでは、1本が途中でＹ字形に分岐した花糸が全部または一部出現する。
③花期の早い種と遅い種の組み合わせでは中間になる。
④高木と低木の組み合わせでは、中間の高さで株立ちまたは一本立ちの中・大低木となる。
⑤葉の幅の広い種と狭い種の場合、中間の幅となる。
⑥キヌヤナギの葉の裏の絹糸光沢は、弱くなるが残る。
⑦苞の先が尖る種と丸い種との雑種の苞の形は卵形になる。

■**雑種に出合うには**

　雑種に出合うのは偶然のように見えるが、その偶然の機会を多く捉えるよう心がけると容易に見つけることができる。そのノウハウとは、
①親になる種の多い地域で探す。
これは当たり前のように聞こえるが、たとえばコセキヤナギに出合うには、一方の親のイヌコリヤナギは全国に分布しているから気にする必要はない。もう一方の親はオオキツネヤナギだから、これの多い新潟県か北信方面を探せば出合える。
②ヤナギの密生している所より、開けている所の方がよい。
密林では陽が当らないから、できあがった林には陽樹であるヤナギは入り込めない。それより河原、林縁、林道脇、法面、崖、岩場、耕作放棄地、廃線跡の周辺など競争相手の少ない所が穴場だ。

ヤナギ属の雑種の葉（50%大）

ネコヤナギ系（側脈が平行に揃った曲線となる）

バッコヤナギ系（狭長楕円形〜楕円形）

1 フカオヤナギ
2 フリソデヤナギ
3 チクゼンヤナギ
4 ミヤコヤナギ
5 ミョウジンヤナギ
26 バッコキヌヤナギ
27 シグレヤナギ
28 ドアイヤナギ
29 ナスノシグレヤナギ
30 センダイヤナギ
31 ナスノイワヤナギ

イヌコリヤナギ系（楕円形〜長楕円形、柄が短い）

6 ロッコウヤナギ

7 ヌシロヤナギ

8 リュウゾウジヤナギ

9 ナガバノネコヤナギ

10 イケノヤナギ

11 フジヤナギ

12 スガヤヤナギ

13 イヌコリシライヤナギ

14 コセキヤナギ

15-1 ヒラオヤナギ

16 イヌバッコヤナギ（新雑種）

17 カワイヌコリヤナギ

オノエヤナギ系（狭長円形～長楕円形）

18 キヌオノエヤナギ（未発表）
19 カワオノエヤナギ
20 バッコオノエヤナギ
21 サカマキヤナギ
22 ハコダテヤナギ
23 オノエオオキツネヤナギ
24 オノエシライヤナギ（未発表）
25 シバオノエヤナギ

ヤナギの隆起条（おもな種と雑種の比較）

ヤナギの仲間には、皮をはがした木質の部分（裸材といい、木村有香の造語で、ヤナギ研究者の間だけで使われる用語）の表面に、線状の凸起が並ぶ種がある。これを隆起条と呼ぶ。種によってこれが強いもの、まったく出ないものがあり、この性質は雑種になっても残るため、種の同定に大いに役立つ。一部のヤナギについて、この強弱レベルを右の表に示した。

隆起条は少ない

12 バッコヤナギ　　**15** ミヤマヤナギ　　**19** シバヤナギ　　**6** ロッコウヤナギ

隆起条は少ない

20 バッコオノエヤナギ　**21** サカマキヤナギ　**24** オノエシライヤナギ　**27** シグレヤナギ

隆起条は多い

   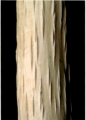

15-1 ヒラオヤナギ　**23** オノエオオキツネヤナギ　**30** センダイヤナギ　**31** ナスノイワヤナギ

レベル	1	2	3	4	5
程度	微弱	弱	中	強	最強
樹種	ノヤナギ タライカ	シバ シライ コマイワ	ミヤマ ヤマ	バッコ フリソデ	キツネ オオキツネ

(太字の樹種のみ写真。ノヤナギ以外の名称は「ヤナギ」を省略)

12 スガヤナギ　13 イヌコリシライヤナギ　14 コセキヤナギ　16 イヌバッコヤナギ

隆起条は多くて強い

28 ドアイヤナギ　29 ナスノシグレヤナギ　13 オオキツネヤナギ　14-1 キツネヤナギ

短い隆起条がわずかに出る　　　　隆起条は太く短い　短い隆起条が点在

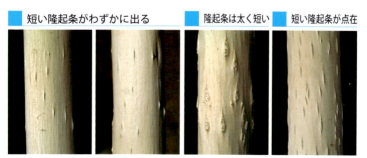

11 フジヤナギ　25 シバオノエヤナギ　2 フリソデヤナギ　26 バッコキヌヤナギ

♂ 2月27日

1 フカオヤナギ

Salix gracilistyla Miq. × *S. hukaoana* Kimura = *S.* ×*sigemitui* Kimura

ネコヤナギ×ユビソヤナギ。**分布**：ユビソヤナギの分布する地域で多産する。**生育地**：多雪地方の礫の多い河原。**樹形**：中～大低木。株立ち。幹は斜めに伸びる。高さ 1–3 m。栽培すると 5 m 以上になる。**花期**：葉前性。原産地は多雪地のため、残雪の多少で一定しないが、3月下旬～4月中旬。東京で栽培すると2月中旬から出穂する。**裸材**：隆起条はない。樹皮の内側は淡黄色。**栽培株産地**：群馬県みなかみ町土合、湯檜曽川。**名称**：和名は発見者名、深尾重光に因む。**考察**：ネコヤナギとの相性が良いため、♂♀とも多産する。また、高木と低木との雑種のため、樹形は両親の中間になる。個体によって花序を密につける株と、大きな花序を間隔を空けてつける株がある。ネコヤナギの葉脈の特徴が明らかに残る。1972年に発見された。**挿木**：容易。

♂**花序** 円柱形に近い長卵形、長さ 4.5–6 cm、径 2–2.5 cm。柄はない。下出葉は 2–3 枚

♀**花序** 円柱形に近い長卵形、♂花序より短い。柄はない。下出葉 2–3 枚。♂花序より細い。

♂**花** 花糸1本、無毛。葯は黄色、頭頂部淡紅色。苞は倒卵形、鋭頭、上半部黒色、白色毛密生。腺体1個、長卵形、淡緑色

♀**花** 花柱は長い。柱頭は2裂。子房は卵状楕円形、有毛、有柄。苞は倒卵形、鋭頭、上半部黒色、白色毛密生。腺体1個、長卵形、淡緑色

《雑種判定ポイント》
- ユビソヤナギの多い所に生える。
- 花期が早い。
- 花序はユビソヤナギに似る。
- 花糸は両親と同じく1本
- 葉脈はネコヤナギと同形
- 樹皮の内面は淡黄色
- 樹形は両親の中間
- 花柱が長い。

冬芽 大型。長卵形、鋭頭。長さ 13–15 mm、幅約 5 mm。褐色、光沢はない、無毛

樹皮 若木のうちは灰黒色、平滑。古くなると縦に割れ目が粗く入る。

一年枝 黒褐色〜褐色の毛がある。

葉序 互生

長楕円形。長さ 8–12 cm、幅約 2 cm

表　裏

葉縁 腺に終わる低鋸歯

托葉 先の尖った卵形

裏は灰緑色

側脈はネコヤナギと同様に平行に揃った曲線を描く。

㋞　㋾　× 1.0

基部はくさび形

柄は長さ約 0.7 cm

103

ヤナギ属の雑種

♂ 3月15日

♂花序 円柱形、長さ 4–7 cm、径約 3 cm。柄は短い。下出葉 3–5 枚

♀花序 円柱形、長さ 2.5–3 cm、径約 1.5 cm。柄はない。下出葉 3–5 枚

2 フリソデヤナギ

Salix gracilistyla Miq. × *S. caprea* L.
= *S.* ×*leucopithecia* Kimura

ネコヤナギ×バッコヤナギ。**分布**：♂株は生花用に栽培されるのみ。♀株は関東以北に自生がある。特に東北地方北部に点在。**生育地**：陽の当たる林道脇。**樹形**：中低木。自生地では 2 m 以下だが、栽培すると 3 m、時に 5 m の大低木にもなる。幹は株立ち、斜上する。**花期**：葉前性。栽培では 3 月中旬。**裸材**：隆起条がある。**栽培株産地**：鳥海山麓。**名称**：フリソデの名の由来は、振袖火事の出火元とされる江戸本郷丸山町の本妙寺に植えられていたことに因むとする説は誤りで、晩秋に振袖のように大きな葉が垂れ下がる様子から。**考察**：♂株の枝は「赤芽柳」の名で、冬芽の姿で花屋で売られている。しかし自生種にアカメヤナギ（マルバヤナギ）があるので植物を研究する者は華道での名を使わない方がよい。生花では芽鱗を脱いだ、銀白色の花序のついた枝も用いる。花序

（山口純一原図）

♂花 花糸は 1 本が途中で Y 字形に分岐したものが多く混じる。稀に 2 本のうち片方が途中で分岐することがある（p.93 の図参照）。無毛。葯は黄色。苞は長楕円形、先は尖り、先端部黒色、基部淡黄緑、軟毛密生。腺体 1 個、長楕円形、淡黄緑色

♀花 花柱は長く、この長いのはネコヤナギに由来する。柱頭 2 裂。子房は卵形、上部は円錐形、細毛密生、有柄。苞は長楕円形、基部は淡緑色、中部は紅色、先端は黒褐色。腺体 1 個、線形、淡黄緑色

の基部が少し枝分かれしたものも見かける。かつて♀株はないとされていたが、1981 年に木村有香が栃木県の♀株を記載している。♂株の自生は見たことがないが、♀株は秋田県内でよく見かける。**挿木**：容易。

冬芽 大型。卵形、鋭頭。長さ17 mm、幅7 mmほど。紅褐色、光沢がある、無毛。枝に対して開いてつく。

一年枝 灰紫褐色。太く長く伸びるが枝数は少ない。無毛

樹皮 灰黒色。割れ目は不定

葉序 互生

葉縁 波状低鋸歯

托葉 先の尖った卵形

表は濃緑色

楕円形。長さ7–15 cm、幅2–4 cm

裏は淡緑色、脈上に軟毛がある。

側脈はネコヤナギ特有の平行な曲線を描く。全体にネコヤナギの葉を大きくした感じで、バッコヤナギのような裏面の綿毛は少ない。

基部は円弧〜くさび型
柄は長さ7–15 mm

× 1.0

《雑種判定ポイント》
◇ネコヤナギに由来する点
・裏面葉脈の曲線はネコヤナギと同じ。
◇バッコヤナギに由来する点
・冬芽は紅褐色で大きい。
・隆起条がある。
・花序が太い。
◇雑種を示す形質
・樹形は両親の中間の大きさで大低木、株立ち。

♀ 4月3日

♂

♀未確認

♀

3 チクゼンヤナギ

Salix gracilistyla Miq. × *S. integra* Thunb. = *S.* ×*hatusimae* Kimura

ネコヤナギ×イヌコリヤナギ。**分布**：記録上は東京都、長野県、九州。両親種は普通に分布するのに、この株は極めて稀にしか発見されない。**生育地**：東京では放棄水田。**樹形**：低木。株立ち。自生地では高さ1m以下、栽培すると2m以上になり、幹は斜めに伸びる。**花期**：葉期性。3月中〜下旬。**裸材**：隆起条はない。**類似種**：ネコヤナギに似ているが、葉の色が淡いので遠くから識別できる。**栽培株産地**：東京都あきる野市（♀）。**名称**：チクゼンは筑前（福岡県）で1932年に最初に発見されたことによる。学名は発見した初島住彦に因む。**挿木**：極めて容易。

《雑種判定ポイント》
◇ネコヤナギに由来
 ・周辺にネコヤナギが多い。
 ・葉脈はネコヤナギに似る。
 ・花柱が長い。
◇イヌコリヤナギに由来
 ・葉の表の緑色が淡い。
 ・葉柄が極端に短い。
 ・葉序は亜対生
 ・主脈は淡黄色

♀**花序** 円柱形。イヌコリヤナギの♀花序より大きく、長さ約25mm、径約7mm。柄はない。下出葉2-3枚

♀**花** 花柱はやや長い。柱頭2裂、淡黄緑色から紫褐色に変わる。子房は卵形、無毛、無柄。苞は倒卵形、先は尖る、上半分黒色、多毛。腺体1個、狭卵形、淡緑色

冬芽 狭三角形、鋭頭。長さ約 6 mm、幅約 3 mm。濃褐色、光沢はない、無毛。枝に密着する。

樹皮 灰色。割れ目は不定

一年枝 濃褐色、無毛

葉序　互生。やや対生に近い互生（亜対生）が混じる。

葉の色はイヌコリヤナギに近く、表は浅い緑色、無毛

やや倒卵状長楕円形。長さ 3–9 cm、幅 1.2–3.0 cm

表　裏

葉縁　微細鋸歯

表

裏

托葉

主脈は淡黄色。側脈 7–10 対で不明瞭

㋺　㋾　×1.0

裏は灰白色
基部は円形
柄は長さ 2–4 mm

コラム 10-1　ヤナギの用途のいろいろ

　古くから人々に利用されてきたヤナギだが、まず頭に浮かぶのは生け花の材料だ。樹種は、フリソデヤナギ、ネコヤナギ、クロヤナギ、コリヤナギは花序、冬芽にフリソデヤナギ、オオキツネヤナギ、枝ではシダレヤナギ、奇形のオノエヤナギ、ウンリュウヤナギなど。小枝を炭化したものは木炭画の筆、江戸時代には先端を叩いて房状にしたもので歯ブラシにした。アイヌ民族の祭りには、材を削ったイナウ（→ p.111）

4月3日

4 ミヤコヤナギ

Salix gracilistyla Miq. × *S. schwerinii* E.L.Wolf 'Kinuyanagi' = *S.* ×*thaymasta* Kimura

ネコヤナギ×キヌヤナギ。**分布**：♂株は庭木として栽培されている。♀株は稀に自生があり、兵庫県、滋賀県、山形県で発見されている。**生育地**：川や湖の近く。**樹形**：中〜大低木。自生地では高さ2m以下、栽培すると高さ約4m、根元直径約5cmになる。株立ち。幹は斜めに伸びる。**花期**：葉前性。3月上旬。**裸材**：隆起条はない。**栽培株産地**：♂株は八王子市内の民家植栽、♀株は滋賀県余呉湖畔。**名称**：ミヤコの名は1926年に京都で発見されたことに因む。**考察**：栽培品と野生品とでは裏面の光沢に違いがある。葉の裏はキヌヤナギの絹糸光沢が残る。花柱の長いのはネコヤナギに由来する。樹形はキヌヤナギに近い。葉脈を見ればネコヤナギが関係していることがすぐ分かる。**挿木**：容易。

♂

♀

♂**花序** 長卵形、長さ3.5–4.5 cm、径2–3 cm。柄はない。下出葉2–3枚

♀**花序** 円柱形、長さ2.5–3 cm、径1.2–1.5 cm。柄はない。下出葉2–3枚

♂**花** 花糸1本が途中でY字形に分岐、無毛、葯2個、黄色で頭部は微淡紅色を帯びる。苞は狭卵形、先は鋭頭、上半部黒色、有毛。腺体1個、長い棒状、淡黄緑色、密毛

♀**花** 花柱は長い。柱頭は2分岐。子房は長卵形、有毛、無柄。苞は狭卵形、上半部黒色、密毛。腺体1個、線形、淡黄緑色

《**雑種判定ポイント**》
◇ネコヤナギに由来
　・葉脈はネコヤナギと同じ。
　・花柱が長い。
◇キヌヤナギに由来
　・葉の裏の光沢がキヌヤナギに近い。
　・樹形は大低木
　・花糸がY字形に分岐するものが混じる

冬芽 やや大型。長卵形、鋭頭。長さ約 10 mm、幅約 5 mm。緑褐色、光沢はなく、少し毛がある。枝に密着する。

樹皮 灰黒色

一年枝 緑褐色、密に軟毛に覆われる。

葉序 互生

表　裏

葉縁 鈍鋸歯

托葉 先の尖った半心形

長狭卵形。長さ 8–15 cm、幅 1.5–2.5 cm

表は濃緑色

側脈はネコヤナギ特有の平行な曲線が目立つ。

裏は淡緑色、光沢のある絹毛を密生、キヌヤナギを思わせる。

㋵　㋻

× 1.0

基部はくさび形

柄は長さ 5–8 mm

109

♀ 4月2日

♂	♀
♂は知られていない	

♀花序　円柱形。柄はない。下出葉4–5枚で、小さい。

♀花　花柱は長い。子房は長卵形、有毛、無柄。柱頭2分岐。苞は長楕円形、上半分黒色、長軟毛密生。腺体1個、線形、淡黄緑色

5 ミョウジンヤナギ

Salix gracilistyla Miq. × *S. futura* Seemen = *S.* ×*kawamurana* Kimura

ネコヤナギ×オオキツネヤナギ。**分布**：オオキツネヤナギの分布域で極めて稀に発見される。**生育地**：丘陵北斜面。**樹形**：中低木。自生地では高さ1m位、栽培すると2m位までになる。株立ちで幹は斜めに伸びる。親株の個体差で枝と幹はひどく曲がるものもある。**花期**：葉期性。3月下旬。**裸材**：隆起条がある。**栽培株産地**：福島県南会津町。**名称**：和名は1966年に発見された福島県明神峠に因む。学名は発見者、川村文吾に由来。**考察**：東北大学理学部に植栽されている株と、著者の保有する株は共に♀株であり、♂株は知られていない。ネコヤナギは普通種なので、オオキツネヤナギの分布域を詳しく調べれば♂株の発見の可能性がある。**挿木**：やや難しい。

《雑種判定ポイント》
◇ネコヤナギに由来
　・側脈の曲線
　・花柱が長い。
　・苞の先端は黒色
◇オオキツネヤナギに由来
　・樹形と大きさ
　・冬芽が大きく、黄褐色

冬芽 やや大型。卵形、鋭頭。長さ約9mm、幅約6mm。黄褐色、無毛、光沢がある。枝に密着する。

樹皮 暗灰色。割れ目は不定

一年枝 黄褐色、太く、無毛

長楕円形。長さ8-10 cm、幅3-4 cm

表は緑色

裏は、主脈に毛がある。

葉序 互生

表　　裏

葉縁 波状低鋸歯

表

裏

托葉 先の尖った狭卵形

側脈はネコヤナギに似て、平行した曲線が目立つ。

柄は長さ1cm前後

×1.0

コラム 10-2　ヤナギの用途のいろいろ

(→ p.107) が使われた。北海道には竹がないので、釣竿や七夕飾りにはヤナギの枝を用いた。コリヤナギの枝の皮を取り去った材を編んで篭を作っている。

　バイオマスとして製紙材料にする研究も始まっている。幹を炭化した炭の粉は黒色火薬の材料だった。葉は牛の飼料にした。江戸時代の庶民はネコヤナギの葉を干したものでお茶の代わりにした。

ヤナギ属の雑種

♂ 4月2日

♂ ♀

♀は
存在の可能性が
あるが未入手

♂花序 円柱形、長さ 4–6 cm、径 2.5 cm。ネコヤナギに似る。柄はない。下出葉は 2–3 枚

♂花 花糸１本、先端でわずかに分岐、無毛。葯２個、暗紅色。苞は狭卵形、鋭頭、先端部 1/3 黒色、ヘリに白色長毛密生。腺体１個、狭卵形、淡黄緑色

6 ロッコウヤナギ

Salix gracilistyla Miq. × *S. vulpina* Andersson subsp. *alopochroa* (Kimura) H.Ohashi & Yonek.
= *S.* ×*gracilistyloides* Kimura

ネコヤナギ×サイコクキツネヤナギ。**分布**：稀。**生育地**：日の当たる斜面。**樹形**：低木。高さ 1.5 m 位。主幹がなく株立ちで、低い角度で横に伸びる。**花期**：葉前性。ネコヤナギよりやや遅れる。**裸材**：隆起条が少しある。**栽培株産地**：六甲山。**名称**：ロッコウは発見地名。学名はネコヤナギ *gracilistyla* に似た *oides* の意。**考察**：この雑種は 1924 年に木村有香が六甲山で発見したものを東北大学理学部で栽培している。その枝を挿木したもので♂株のみ。雑種と推定した根拠は、樹形と葉の側脈はネコヤナギと同じ、葉の幅が広く隆起条があること。花糸１本が分岐することは、花糸２本の種が関係していることなどである。**挿木**：容易。

《雑種判定ポイント》
◇ネコヤナギに由来
・ネコヤナギの葉を大きくした形状
・葉脈の平行な曲線
・花糸は１本、先端で分岐
◇サイコクキツネヤナギに由来
・周辺に多数自生している。
・隆起条がある。

冬芽 大型。卵形、鋭頭。長さ約15mm、幅約6mm。暗褐色、有毛、光沢が少しある。

樹皮 灰黒色。割れ目は不定

一年枝 灰褐色、軟毛があり、太い。

葉序 互生

表　裏

葉縁 先に向かう細鋸歯

表

裏

托葉 先の尖った卵形

表は濃緑色

楕円形。長さ6–11 cm、幅3–4 cm

側脈は13–16対、ネコヤナギと同じ平行な曲線が明らか。

基部は円形
柄は長さ1.2 cm

裏は灰緑色、微毛

（表）（裏）　×1.0

コラム11　冬芽でわかるヤナギの種名

　落葉した真冬の樹木でヤナギか否かを判断するには、葉が落ちたあとに残る葉痕を観察する。ヤナギなら、維管束痕（タチヤナギ、p. 33左上の冬芽の写真参照）が必ず3つある。3つなら100％ヤナギだとは言えないが、3つなければヤナギではない。

　ヤナギ属の冬芽を保護している芽鱗には2通りの形態があって、多くの種類では開くことなく帽子状に抜け落ちるが、マルバヤナギ、オオバヤナギ、ケショウヤナギの3種では1枚の鱗片に切れ目があり、着物の襟状に重なって芽を守っている。

　冬芽観察のポイントは、色、毛の有無、大きさ、形、先が尖るか否か、枝に対する角度など。冬芽に精通するには葉の付いている時期（晩秋）に葉と冬芽の両方同時に学習することが必要。

♂ 3月11日

♂	♀

♂花序 大きな円柱形、長さ4–5 cm、径13–15 mm。柄はない。下出葉はない。

♀花序 円柱形。柄はない。下出葉はない。

♂花 花糸1本、無毛。葯は黄色か紅色。苞は卵状楕円形、先は尖り、黒色、密毛。腺体1個、淡緑色

♀花 先は急に細長い花柱になり、柱頭2裂。子房は卵状楕円形、密毛、無柄。苞は卵状楕円形、先端黒色、有毛。腺体1個、線形、淡緑色

7 ヌシロヤナギ

Salix gracilistyla Miq.
× *S. miyabeana* Seemen subsp. *gymnolepis* (H.Lév. & Vaniot) H.Ohashi & Yonek. = *S.* ×*koiei* Kimura

ネコヤナギ×カワヤナギ。**別名**：コイエヤナギ。**分布**：東北地方の一部。両親種の個体数が多いのに、この雑種を見る機会は稀である。**生育地**：河川の周辺。**樹形**：中低木。株立ち。高さ1.5–2m。幹は立つものと横に広がるものとある。これはネコヤナギの個体差による。**花期**：葉前性。ネコヤナギと同じ頃。**裸材**：隆起条はない。**栽培株産地**：東北大学植物園。**名称**：和名は発見地、能代（のしろ）の古名、渟代（ぬしろ）に因む。別名と学名は1939年に発見した古家儀八郎に因む。**挿木**：容易。

《雑種判定ポイント》
◇ネコヤナギに由来
・葉脈の平行な曲線
・大きな花序
・花柱はやや長い。
◇カワヤナギに由来
・ネコヤナギより葉が長い。
・葉の最大幅の位置が中央より先の方にある。

冬芽 大型。狭卵形、鋭頭。長さ13–15 mm、幅約5 mm。濃褐色、無毛、光沢はない。

樹皮 灰色。割れ目は浅い。

一年枝 有毛または無毛

葉序 互生

表　　裏

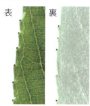

葉縁 細鋸歯がある。

表

托葉

狭楕円形。長さ約9 cm、幅約2.5 cm

裏は灰白色

側脈は、12対前後

表　裏

基部はくさび形
柄は長さ1 cm前後

× 1.0

ヤナギ属の雑種

♀ 3月18日

♂

♂は発見されていない

♀

♀花序 短円柱形、長さ1–1.5 cm、径1–1.3 mm。柄はない。

♀花 花柱は長く、飛び出して見える。柱頭2深裂、淡黄緑色。子房は広楕円形、多毛、無柄。苞は楕円形、先端は赤みを帯び、長い密毛。腺体1個、線形、淡黄緑色、太く短い。

8 リュウゾウジヤナギ

Salix gracilistyla Miq. × *S. pierotii* Miq.
= *S.* ×*hayatana* Kimura

ネコヤナギ×オオタチヤナギ。**分布**：阿蘇山の外輪山の北西麓。**生育地**：不明。**樹形**：中高木。一本立ち。高さ8m位。**花期**：葉前性。4月。**裸材**：隆起条はない。**栽培株産地**：1927年に佐賀県で発見・採取されたのち東北大学植物園に植栽。**名称**：和名は龍造寺柳で、戦国時代の佐賀地方の豪族の名に因む。学名は早田文蔵に因む。**考察**：♀株だけが東北大学植物園に植栽され、これから挿木で育った株が稀に庭園樹として育てられている。花柱が長く飛び出しているため、遠目で♂の花のように見える。これは花柱の長いネコヤナギが親になっているため。一方の親とされるオオタチヤナギについては、ジャヤナギとする考え方もある。**挿木**：容易。

《雑種判定ポイント》
◇ネコヤナギに由来
 ・花柱が長い。
◇オオタチヤナギに由来
 ・花序が太く短い。
 ・高木一本立
 ・原産地の周辺に自生がある。

冬芽 大型、卵形、鋭頭。長さ約 10 mm、幅約 3 mm。褐色、無毛、光沢はある。枝に密着する。

樹皮 灰褐色。縦に割れ目が入る。

一年枝 緑褐色、無毛

葉序 互生

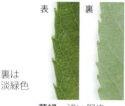
表 　 裏

葉縁 浅い鋸歯

表

裏

托葉

裏の脈上は有毛。

側脈はネコヤナギ特有の平行な曲線が目立つ。

表は濃緑色

楕円形。長さ 8–12 cm、幅 3–4 cm

裏は淡緑色

基部は広いくさび形
柄は長さ 8–10 mm
×1.0

(表) (裏)

コラム 12-1　ルーペから始まるヤナギの学習

　ヤナギの同定は難しいと言われる。その理由は、
　①種類が多い
　②花と葉の季節がずれている
　③雑種ができやすい
などが言われている。

　しかし①の種類が多いのはヤナギに限ったことではなく、はるかに多い種類を含む科はいくつもある。
　②にしてもサクラの仲間のような例もある。
　結局①と②は不勉強（→ p. 119）

ヤナギ属の雑種

♀ 3月25日

♂は存在の可能性があるが未入手

♀花序 円柱形、3.5–4 cm、10–13 mm。柄はない。下出葉2–3枚

9 ナガバノネコヤナギ

Salix gracilistyla Miq. × *S. udensis* Trautv. & C.A.Mey.= *S.* ×*arakiana* Koidz.

ネコヤナギ×オノエヤナギ。**分布**：北海道〜近畿地方。両親種とも普通に分布しているのに、あまり知られないのは、若木はオノエヤナギに似ているので見逃しているためと考えられる。**生育地**：林縁。**樹形**：中〜大低木。株立ちのものは高さ約2.5 m。主幹があるものでも斜めに伸びる。**花期**：葉前性。3月中下旬。**裸材**：隆起条はない。**栽培株産地**：京都府丹後半島。**名称**：和名のナガバは、オノエヤナギの別名ナガバヤナギに因むが、実際にはネコヤナギに似て葉が細長い。**考察**：京都府丹波で発見され1961年に杉本順一が雑種として発表。**挿木**：容易。

♀花 花柱は長く、柱頭深く2分岐。子房は長卵形、密毛、無柄。苞は倒卵形、先端黒色、密毛。腺体1個、線形、淡黄色

《雑種判定ポイント》
◇ネコヤナギに由来
- 側脈はネコヤナギの平行な曲線と同じ。
- 花柱が長い。
- 花期が早い。

◇オノエヤナギに由来
- 新葉の縁は裏に巻く。
- 葉の形は狭長卵形

冬芽 中型。狭卵形、鋭頭、長さ約 8 mm、幅約 3 mm。先端濃褐色、基部淡褐色、有毛、光沢はない。枝に平行してつく。

樹皮 暗灰色。割れ目は不定

一年枝 褐色、無毛

側脈はネコヤナギと同様に平行する曲線

狭長卵形。長さ 7–12 cm、幅 2–2.5 cm

裏は淡緑色、脈上有毛

(表) (裏) ×1.0

基部はくさび形
柄は長さ 7–9 mm

葉序 互生

表　　　裏

葉縁 浅い波状鋸歯

表

裏

托葉

コラム 12-2　ルーペから始まるヤナギの学習

(→ p. 117)の言いわけに過ぎない。

③の雑種というのは頻繁に出合うわけではない。雑種か否かの判定はきわめて簡単で、親となる種の特徴をよくのみ込んでいれば、該当しないものは雑種である。両親の種を決めるのは難しくとも、片方の親の顔は浮かんでくるものだ。ヤナギ類の難しさの真の理由は、花が小さく、あまりにもつくりが簡単に見えるため、そこから得られる情報量が少ないからだ。

♀ 4月3日

♂花序 円柱形、長さ25–30 mm、径約13 mm。下出葉は2–3枚

♀花序 細い円柱形。有柄。下出葉2–3枚

10 イケノヤナギ

Salix integra Thunb. × *S. udensis* Trautv. & C.A.Mey.= *S.* ×*ikenoana* Kimura

イヌコリヤナギ×オノエヤナギ。**分布**：両親種の分布する地域で多数見られ珍しくない。雌雄とも存在する。**生育地**：水辺や一般地など。特定しない。**樹形**：自生地では高さ1.5 m位の中低木、栽培すると5 m位までの大低木〜小高木。幹は一本立ちまたは株立ちで斜めに伸びる。**花期**：やや葉前性。3月下旬頃。**裸材**：隆起条はない。**考察**：容易に見られる雑種。子苗のときの葉は楕円形でイヌコリヤナギに似るが、成長するに従いオノエヤナギに似てくる。このため個体数が多いのに雑種と気がつかない。花序はイヌコリヤナギとオノエヤナギの中間の大きさ。**植栽株産地**：福島県裏磐梯中瀬沼。**名称**：池野成一郎に因む。**挿木**：容易。

《雑種判定ポイント》
◇イヌコリヤナギに由来
・葉柄が短い。

♂花 花糸2本と、1本がY字形に分岐するものとが混じり、無毛。葯2個、黄色、頭部はわずかに紅色を帯びる。苞は倒卵形、先端黒色、密毛。腺体1個、線形、淡黄緑色

♀花 花柱は短く、柱頭2裂して2分岐。子房は楕円状卵形、短毛、無柄。苞は♂に同じく倒卵形、先端黒色、密毛。腺体1個、線形、淡黄緑色

・葉の色が淡い。
・花柱が短い。
◇オノエヤナギに由来
・新葉の縁は裏に巻く。
・托葉がある。

冬芽 小型。長卵形、鈍頭。長さ約8 mm、幅約3 mm。褐色、無毛、光沢はない。枝に密着する。

樹皮 灰黒色。割れ目は不定。オノエヤナギに似る。

一年枝 褐色、無毛

葉序 互生。対生が混じることがある。

表　　　裏

葉縁 低い波状鋸歯

長楕円形 長さ4–7 cm、幅1.2–2.5 cm

表は緑色　　　裏は灰緑色

㋨　　　㋠

基部はくさび形 柄は長さ約5 mm

×1.0

托葉 先の尖った斜卵形

コラム13　挿木の重要性

　野外で種名の分からないヤナギに出合ったら標本を採るが、それは枝葉、花序、冬芽のいずれかの季節のものでしかない。すべてを観察するには再び現地を訪れたとしても花のタイミングが合うかどうか、遠隔地では難しい。場所についても造成や刈取り、河川なら流路の変化などでなくなっていることもある。そこで「急がば回れ」で、挿木をして育てることで、じっくり観察できる。特に新雑種の両親の推定には必要な手段だ。ヤナギは挿木が容易だと言われるが、樹種によって難易度が違う。葉のない季節なら100％近い成功率だが、葉のある季節では、葉を切り詰めて減らすことが必要になる。用土は鹿沼土が一般的。

♂ 3月16日

11 フジヤナギ

Salix integra Thunb. × *S. japonica* Thunb. = *S.* ×*hisauchiana* Koidz.

イヌコリヤナギ×シバヤナギ。**分布**：シバヤナギの分布域で時々見つけられる。**生育地**：林縁、道路脇、法面など陽のよく当る場所。**樹形**：低木。自生地では高さ0.5–1 m、栽培すると2 m以上になる。株立ち。幹は細く斜めに伸びる。**花期**：葉期性。4月上旬頃。**裸材**：隆起条がある。**栽培株産地**：東京都八王子市多摩丘陵（♂・♀）。**名称**：和名は原産地に、学名は植物研究者久内清孝に因む。**考察**：1918年に発見され1956年に木村有香が雑種と認定した。葉の色はイヌコリヤナギに似る。小枝が特に細いのはシバヤナギに由来、イヌコリヤナギとの雑種では鋸歯は弱くなるためシバヤナギのような鋭い鋸歯はなくなる。**挿木**：容易、成長は遅く、大株になりにくい。

《雑種判定ポイント》
◇イヌコリヤナギに由来
　・葉柄が短い。

♂花序　狭円錐形、長さ4–6 cm、径1–11 mm。シバヤナギに似るが、花と花の間隔はシバヤナギほどのすき間はない。柄はない。下出葉は4–5枚

♀花序　細い円柱形、長さ3–4 cm、径7–9 mm。柄はない。下出葉4–5枚

♂花　花糸1本、途中でY字型に分岐、無毛。葯は2個、黄色。苞は楕円形、鈍頭、全部または先端黒色、有毛。腺体1個、卵形、淡緑色、太く短い。

♀花　花柱は短く、柱頭2裂、淡黄色。子房は円錐状卵形、密毛、柄は短い。苞と腺体は♂と同じ。

　・葉の表面の色が淡い。
　・葉の基部が鈍形
◇シバヤナギに由来
　・小枝が特に細い。

冬芽 小型。狭卵形、鋭頭。長さ約7 mm、幅約3 mm。黄褐色、無毛、光沢はない。枝に密着する。

若葉

樹皮 暗灰色。割れ目は不定

葉序 互生。対生が混じることがある。

表は浅緑色でイヌコリヤナギと同色、毛はない。

やや倒卵形の楕円形。
長さ 5–8 cm、幅 2–2.5 cm

側脈は不明瞭

表　　裏

葉縁 微細鋸歯。シバヤナギほどの明瞭ではない。

一年枝 細く、黄褐色、無毛

基部は円形
柄は長さ 2–3 mm
×1.0

裏は緑白色、毛はない。

托葉 先の尖った卵形

コラム 14　標本採取

　一つの種（species）を標本で示すとなると、枝葉・花、それにできれば果実まで必要となる。ヤナギ属の多くは花と葉の時期が違うため、同一株から採取するのに苦労する。

　最も簡単なのは、株に自分だけの番号札をつけることだが、実際に再度現地へ行った所、造成で改変されたり、刈り取られたり伐採されたり、枯死したりと思わぬ結末となっていることが多かった。

　そこで著者が行ったのは、枝を採って来て挿し木で育てることだった。ただ、この方法では何年か必要で、幹の隆起条まで調べるとなると、さらに年数が必要になる。

♀ 4月3日

♂	♀

♂**花序** 円錐〜円柱形、長さ約 25 mm、径約 6 mm。下出葉は 2–3 枚

♀**花序** 円錐〜円柱形、長さ約 25 mm、径約 6 mm。柄はない。下出葉 2–3 枚、大きい。

12 スガヤヤナギ

Salix integra Thunb.× *S. rupifraga* Koidz.
= *S.* ×*sugayana* Kimura

イヌコリヤナギ×コマイワヤナギ。**分布**：標高 1000–1500m 位のコマイワヤナギの分布域で時々見つかる。**生育地**：道路脇、法面、岩場、崖など。**樹形**：小低木。株立ちで、自生地では高さ 30–50 cm 位だが、立性の株では栽培すると 2 m にもなる。**花期**：葉期性。自生地で 5 月上旬、栽培では 3 月中下旬。**裸材**：隆起条が少しある。**栽培株産地**：長野県松本市坂巻温泉。**名称**：和名・学名とも菅谷貞男に因む。**考察**：1950 年坂巻温泉で発見。幹・枝とも細く、成長は遅い。**挿木**：やや容易。

《**雑種判定ポイント**》
◇イヌコリヤナギに由来
・葉柄が短い。
・葉の表面が浅緑色
・花柱がない。
◇コマイワヤナギに由来
・周辺に自生が多い。
・小枝は細い。
・隆起条が少しある。

（山口純一原図）

♂**花** 花糸1本、途中でY字形に分岐、その開く角度は大、無毛。葯は黄色、頭部淡紅色。苞は楕円形、鈍頭、先は暗褐色、密毛。腺体1個、狭卵形、淡緑色、短い。

♀**花** 花柱はなく、直接柱頭に達する。柱頭は2分岐、暗紫褐色。子房は長卵形、有毛、無柄。苞は倒卵形、先は暗褐色、有毛。腺体1個、長卵形

冬芽 小型。狭卵形、鋭頭。長さ約6 mm、幅約2.5 mm。褐色、無毛、光沢はない。枝に密着する。

樹皮 暗灰色。割れ目は不定

一年枝 灰緑色、細く、無毛

葉序 互生。対生が混じることがある。

長楕円形 長さ 4–6 cm、幅 1.3–2 cm
表は浅緑色
裏は粉白色
側脈は不明瞭
基部は楕円形 柄は長さ 4–5 mm
（表）（裏）
× 1.0

表　裏
葉縁 微鋸歯

托葉は普通ない

コラム15　雄しべの花糸の本数を数えよう

　雄しべは葯（花粉袋）と、その柄に相当する花糸から成っている。同定の鍵になるので花糸の本数を調べることが必要だ。

1本　ネコヤナギ、ユビソヤナギ、カワヤナギ、エゾノカワヤナギ、イヌコリヤナギ、コリヤナギ
3本　タチヤナギだけ
3本–5本　マルバヤナギ
5本　ケショウヤナギ
5本–10本　オオバヤナギ
2本　上記以外のヤナギ

　花糸が1本のものは進化の途中で2本が癒着したもので、カワヤナギの中には途中で分岐した個体が存在する。カワヤナギではないのに、1本の花糸が分岐する個体があったら、雑種の可能性がある。これは花糸1本の親と2本の親とが交雑したためで、親を推定するのに参考になる。つまり、片方の親は花糸1本の種の中にあるわけだ。

♀ 4月3日

♂	♀
♂は発見されていない	

♀**花序** 細い円柱形、長さ約 2 cm、径約 5 mm。柄はない。下出葉 2–3 枚。

13 イヌコリシライヤナギ

Salix integra Thunb. × *S. shiraii* Seemen
= *S.* ×*sakaii* H.Ohashi & Yonek.

イヌコリヤナギ×シライヤナギ。**分布**：標高 1000–1500 m のシライヤナギの分布する地域に稀。**生育地**：明るい林道脇、法面、崖。**樹形**：低木。株立ち。自生地では高さ 50 cm 以下だが、栽培すると 2 m 近くなり、細い枝が密に茂る。**花期**：葉期性。自生地で 5 月上旬。栽培で 3 月下旬。**裸材**：隆起条が少しある。**栽培株産地**：山梨県茅ヶ岳。**考察**：1984 年、境 秀紀により日光いろは坂で発見された。現在は♀株しか発見されていないが、♂株は花糸 1 本が Y 字形に分岐するものと確信している。若葉が紅葉するのは、葉が赤紫色になるシライヤナギの個体が親になっているため。**挿木**：シライヤナギの成功率は低いが、イヌコリヤナギが片親になっているので成功確率は 100%近い。そのため 2–3 月なら現地挿木が可能で、法面の急速緑化に利用できる。

♀**花** 花柱は短い。柱頭は 2 裂、紫褐色。子房は卵形、有毛、無柄。苞は広卵形、上部は暗赤褐色、有毛。腺体 1 個、線形、淡緑色

《**雑種判定ポイント**》
◇イヌコリヤナギに由来
・葉の表面が浅緑色
・葉の主脈は黄緑色
・柄が短い。
・花柱が極端に短い。
◇シライヤナギに由来
・周辺に自生が多い。
・葉の先は尖る。
・隆起条が少しある。
・若葉が紅色を帯びる。

冬芽 小型。狭卵形、鋭頭。長さ約6 mm、幅約2.5 mm。褐色、無毛、光沢はない。枝に密着する。

樹皮 灰色

一年枝 灰褐色、細く、無毛

葉序 互生。対生が混じることがある。

葉縁 腺で終わる低微鋸歯

托葉は早落する

表はイヌコリヤナギのような浅緑色、絹毛密生

楕円形。長さ4.5–6 cm、幅 1.5–2.3 cm

裏は灰白色

側脈は不明瞭。主脈は黄緑色

柄は長さ 2–3 mm

× 1.0

コラム 16　標本づくり

　植物標本と言えば、腊葉（さくよう）（押し葉）が常識で、今さら書くことではないが、注意点もある。

①ヤナギの葉の裏には情報量が多いから、押すときは必ず表と裏の両方が見られるよう気を付ける。萌芽枝の葉は標準的な葉より大きく細長い。なるべく二年枝を含む枝を採る。裏面の白色が透明になってしまうため熱風乾燥は不可。

②花序は曲がりやすいため、途中で形を直す。必ず虫に食われるので、強力な防虫剤を使う。

③裸材は枝葉を採った株と同一の株から作るのが理想的だが、難しい。採取は6月頃が最適。皮を剥いだら、そのままだとカビが生えるため、一晩水に漬けて栄養分を除く。乾いたら忘れぬうちに切り口に種名を記入。詳しいデータはラベルに記入して貼り付ける。太さは最低2cmはほしい。

♀ 3月25日

14 コセキヤナギ

Salix integra Thunb. × *S. futura* Seemen = *S.* ×*shirakawensis* Kimura

イヌコリヤナギ×オオキツネヤナギ。**別名**：シラカワヤナギ。**分布**：オオキツネヤナギの分布する地域でしばしば発見される。主として日本海側の低山。**生育地**：道路脇、法面など陽当たりの良い場所。**樹形**：中低木。株立ち。高さ 1.5 m 位。幹は斜めに伸びる。**花期**：葉前性かやや葉期性。4月上旬。**裸材**：隆起条が少しある。**栽培株産地**：新潟県十二峠（♂）、山梨県北杜市（♀）。**考察**：新潟県の低山にオオキツネヤナギが多いため、この雑種の自生も珍しくない。**名称**：シラカワ、コセキとも福島県と栃木県境の白河の関に因む。**挿木**：容易。

《雑種判定ポイント》

◇イヌコリヤナギに由来
- 葉柄が短い。
- 花柱が短い。
- 葉の色が淡い。
- 葉の対生が混じる。

♂花序　円柱形、長さ 3.5–5 cm、径 1.3–1.5 cm。柄はない。下出葉は 3–4 枚、有毛

♀花序　円柱形、長さ 3.5–5 cm、径 8 mm。柄はない。下出葉 3–4 枚

♂花　花糸 1 本、途中でＹ字型に分岐するものが混じり、無毛。葯 2 個、黄色で先端わずかに淡紅色。苞は卵形、先は尖り、先端黒色、密毛。腺体 1 個、狭卵形、淡黄緑色、苞に比べて小さく見える。

♀花　花柱は短い。柱頭は 2 裂、子房は卵形、短毛、有柄。苞は♂と同じ。腺体 1 個、線形、淡黄緑色

◇オオキツネヤナギに由来
- 隆起条がある。
- 付近に多く自生している。
- 葉の基部が円い。

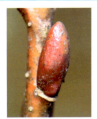

冬芽 大型。長卵形、鈍頭。長さ約 8 mm、幅約 5 mm。暗赤褐色、無毛、光沢がある。枝に対してやや開いてつく。

若葉

樹皮 灰色。割れ目は不定。一年枝は濃褐色〜黄褐色、無毛

葉序 互生。対生が混じることがある。

表は浅緑色

楕円形。長さ 5–9 cm、幅 2–4 cm。両面無毛

裏は緑白色

基部は円形
柄は長さ 4–6 mm
×1.0

側脈は 9–11 対

表　裏

葉縁 不明瞭な波状鋸歯

托葉 小型。先の尖った狭卵形。稀に見られる。

コラム 17　ヤナギハンターの課題

①新種、新雑種の発見。特に今まで雑種の親種となっていない 8 種の雑種の発見
②♂♀の片方しか発見されていない雑種のもう片方を探す。
③すでに発見はされているが現況不明の雑種を探す。
④雑種式（学名×学名）のみで正式な雑種学名のないものを、論文にして公刊誌に新学名を発表する。
⑤今までに知られていた分布地外の新分布地を発見する。

129

ツガルヤナギ♀　3月27日

15–1 ヒラオヤナギ

Salix integra Thunb.
× *S. vulpina* Andersson subsp. *alopochroa* (Kimura) H.Ohashi & Yonek.
= *S.* ×*hiraoana* Kimura

15–2 ツガルヤナギ

Salix integra Thunb.
× *S. vulpina* Andersson subsp. *vulpina*
= *S.* ×*hiraoana* Kimura nothosubsp. *tsugaluensis* (Koidz.) H.Ohashi & Yonek.

ヒラオヤナギ＝イヌコリヤナギ×サイコクキツネヤナギ。ツガルヤナギ＝イヌコリヤナギ×キツネヤナギ（狭義）。**分布**：それぞれサイコクキツネヤナギ、キツネヤナギの多く自生する地域では多産する。**生育地**：明るい草地、伐採跡、林道脇など。**樹形**：低木。株立ち。枝が細く密に茂る。自生地では高さ50 cm前後の株が多いが、成長すると1.5 m以上になる。**花期**：葉期性。3月下旬。**裸材**：隆起条が少しある。**栽培株産地**：ツガルヤナギは秋田県駒ヶ岳、ヒラオヤナギは六甲山（東北大学植物園）。**名称**：ヒラオヤナギ

♂**花序**　円柱形、長さ2–3 cm、径7–8 mm。有柄。下부葉は2–3枚、有毛

♀**花序**　円柱形、長さ2–2.5 cm、径5 mm。有柄。下部葉2–3枚。有毛

♂**花**　花糸1本、途中でY字型に分岐するものが混じる。葯2個、黄色。苞は倒卵形、鈍頭、先端の黒さは一定しない、へりに白色軟毛密生。腺体1個、線形、淡黄緑色で小さい。

♀**花**　花柱はやや短い。柱頭2裂。子房は円錐状卵形、短毛散生、無柄。苞は倒卵形、先はわずかに黒い、へりに密毛。腺体1個、線形、淡黄緑色

の和名は木村有香にゆかりのある人物、平生釟三郎に因む。1924年に木村有香が六甲山麓でイヌコリヤナギとサイコクキツネヤナギとの雑種を発見し、1926年にヒラオヤナギの名で記載した。一方、小泉源一は1930年に青森県産のイヌコリヤナギとキツネヤナギとの雑種をツガルヤナギの名で記載した。**考察**：キツネヤナギとサイコクキツネヤナギの

冬芽 小型。狭卵形、鋭頭、扁平、稜がある。長さ約8 mm、幅約3 mm。褐色、無毛、光沢はない。枝に密着する。

樹皮 灰色。割れ目は不定

一年枝 緑褐色、無毛

葉序 互生。対生が混じることがある。

※写真はすべてツガルヤナギ

楕円形。長さ4–8 cm、幅2–3 cm

裏は緑白色、毛がある。

基部は円形
柄は長さ5–8 mm

側脈は不明瞭

×1.0

葉縁 低鋸歯

托葉 先の尖った狭卵形

関係は、同種・亜種・別種の3通りの考え方があり、現在は亜種とされている。両方の親は形態上の区別は可能としても、イヌコリヤナギと雑種となったものの識別は不可能に近い。挿木：容易。

《**雑種判定ポイント**》

◇イヌコリヤナギに由来
 ・葉柄が短い。
 ・葉の緑色が淡い。
◇キツネヤナギ・サイコクキツネヤナギに由来
 ・隆起条がある。
 ・周辺に多い。

♀ 4月3日

♂は発見されていない

♀花序 円柱形でやや先細り、長さ4–4.5 cm、径7–8 mm。有柄。下出葉2–3枚

♀花 花柱は短い。柱頭2裂。子房は卵形、有毛、有柄。苞は倒卵形、上部が褐色、密毛。腺体1個、緑形、淡黄緑色、短く太い。

16 イヌバッコヤナギ（新雑種）

Salix integra Thunb. × *S. caprea* L.
= *S.* ×*hachiojiensis* Yoshiyama

イヌコリヤナギ×バッコヤナギ。**分布**：両親種とも普通に自生しているのに、この雑種は極めて稀である。**生育地**：八王子市の道路脇など。**樹形**：中低木。株立ち。高さ約3 m。幹は斜めに伸びる。**花期**：葉前性。4月上旬。**裸材**：隆起条がある。**栽培株産地**：東京都八王子市。**名称**：1995年に著者が発見し2014年に命名。学名は八王子産の意。**挿木**：容易。

《雑種判定ポイント》

◇イヌコリヤナギに由来
- 花序の色が緑褐色をしている。
- 花序が細い円柱形
- 花柱が短い。
- 葉の柄は短い、両面が無毛で色がイヌコリヤナギに近い。

◇バッコヤナギに由来
- 隆起条があるが、自生地に他の隆起条のあるヤナギは存在しない。
- 子房に柄がある。
- 新葉の縁が裏に巻く。この形質はオノエヤナギとバッコヤナギに見られるが、この周辺にオノエヤナギは自生しない。

冬芽 卵形、鈍頭。長さ約 9 mm、幅約 4 mm。黄緑色〜暗緑色、無毛、光沢はない。枝に平行する。

樹皮 灰褐色。一年枝は黄緑褐色

若葉 縁は裏に巻く。

葉序 互生に対生が混ざる。

葉縁 低鋸歯

托葉 先の尖った長楕円形

楕円形。
長さ 7–9.5 cm、幅 2.5–3.5 cm

表は鮮緑色、無毛

裏は灰白緑色、無毛

側脈は 10–13 対

基部は円形
柄は長さ 3–5 mm

× 1.0

♀ 3月25日

♂は存在の可能性があるが未入手

♀**花序** 円柱形、長さ約7mm、径約7mm。有柄。下出葉は苞状で3-4枚

♀**花** 花柱は短い。柱頭2裂。子房は卵形、短毛、無柄。苞は楕円形、先端は尖らない、黒色、有毛。腺体1個、狭卵形、淡緑色、小さい。

17 カワイヌコリヤナギ

Salix integra Thunb.
× *S. miyabeana* Seemen subsp. *gymnolepis* (H.Lév. & Vaniot) H.Ohashi & Yonek.
= *S.* ×*hapala* Kimura

イヌコリヤナギ×カワヤナギ。**別名**：イヌカワヤナギ。**分布**：東北地方に多い。**生育地**：水辺。**樹形**：低木、株立ち。立性。高さ2-3m。**花期**：葉前性。4月上旬。**裸材**：隆起条はない。**栽培株産地**：山形県蔵王山山麓。**考察**：両親種とも普通に自生しているのに、この雑種の報告が少ないのは、特徴がないため見過ごされているのが原因と考えられる。**挿木**：容易。樹勢は弱い。

《雑種判定ポイント》
◇イヌコリヤナギに由来
・葉柄が短い。
・葉の表の主脈の色が黄緑色
・葉序は対生に近いものが混ざる。
・花柱が短い。
◇カワヤナギに由来
・葉の最大幅の位置が中央より先端に近い所に位置する。
・葉の両面無毛
・低木でありながら立性

冬芽 長卵形、鋭頭。長さ約 7 mm、幅約 3 mm。濃褐色、無毛、光沢はない。枝に密着する。

樹皮 灰色。平滑

一年枝 細く、緑褐色

葉序 互生だが、対生に近い所まで接近した葉が混じる。

表の主脈は黄緑色、無毛

狭長卵形。長さ 6–9 cm、幅 2 cm まで

側脈は不明瞭

裏の主脈は青白色、有毛

葉縁 腺で終わる明瞭な低鋸歯

托葉は微小

(表) (裏) ×1.0

基部はくさび形

柄はごく短く、長さ 3–4 mm

コラム 18　ヤナギの花の奇形

　ヤナギ科は雌雄別株が原則だが、気をつけて調べると種々のレベルの奇形が発見される。特にオノエヤナギに出やすい。

①雌雄同花　つまり両性花で、極めて稀。

②雌雄同花序　1本の花序の中に♂花と♀花がある。これには2通りあって、1花序の上下に分かれて存在するものと、混じってつくものがある。

③雌雄同株別花序　1株のうちで花序に雌雄のちがいがある。

④花序分岐　♀花序が多数枝分かれするもので、先端に近いところの方が特に分かれ方が強い（p.54 オオキツネヤナギの解説参照）。

⑤2子房花　特に珍しいのは、1花に子房が2個あるもの（ミヤマヤナギ）。

3月25日

♂花序　円柱形、長さ2.5–3.5 cm、径8–10 mm。柄はない。下出葉は3枚

♀花序　円柱形、♂より小さい。枝の先の方に集まってつく。柄はない。下出葉3枚

18 キヌオノエヤナギ（未発表）

Salix udensis Trautv. & C.A.Mey. × *S. schwerinii* E.L.Wolf 'Kinuyanagi'
（雑種学名なし）

♂花　花糸2本、無毛。葯は黄色。苞は長卵形、先は尖り、上半分黒色、密毛。腺体1個、線形、淡緑色

♀花　花柱はやや長い。柱頭2裂。子房は長卵形、有毛、柄は短い。苞は倒卵形、先端黒色、有毛。腺体1個、線形、淡緑色

オノエヤナギ×キヌヤナギ。**分布**：著者の柳園内で自然発生。野外では未発見。**樹形**：栽培下では高木となり、直立一本立ち。高さ約8 mに達する。**花期**：葉前性。3月上旬。**裸材**：隆起条はない。**栽培株産地**：東京都八王子市。**考察**：当園内で多数の実生が発生。**挿木**：容易。

《**雑種判定ポイント**》
◇オノエヤナギに由来
・樹形が直立一本立ち
・新葉の縁が裏に巻く。
◇キヌヤナギに由来
・葉の裏に絹糸光沢がある。
全体から受ける印象はオノエヤナギに近い。

冬芽 小型。卵形、鋭頭。長さ約6mm、幅約4mm。濃褐色、無毛、光沢はない。枝に密着する。

樹皮 灰黒色。割れ目は浅い。オノエヤナギに似る。

一年枝 緑褐色、無毛

葉序 互生

葉縁 縁は裏に巻く。

托葉 先の狭くなった長卵形

狭長楕円形。長さ 7–12 cm、幅 1.3–2.5 cm

表は濃緑色

裏は、キヌヤナギより弱い絹糸光沢がある。

基部はくさび形
柄は長さ 0.5–1 cm

×1.0

♀ 3月25日

19 カワオノエヤナギ

Salix udensis Trautv. & C.A.Mey.
× *S. miyabeana* Seemen subsp.
gymnolepis (H.Lév. & Vaniot) H.Ohashi
& Yonek.
= *S.* ×*euerata* Kimura

オノエヤナギ×カワヤナギ。**分布**：本州中部以北に点在する。**生育地**：特に水辺に限らない。**樹形**：自生では高さ2m位の株が多いが、稀に5m位まで。栽培すると小高木となる。**花期**：葉前性。3月下旬。**裸材**：隆起条はない。**栽培株産地**：多摩川。**考察**：両親種とも普通に生えているのに発見されることが少ないのは、特徴がないため見過ごされていると考えられる。オノエヤナギに似る。**挿木**：容易。

《雑種判定ポイント》
◇オノエヤナギに由来
 ・新葉のヘリは裏に巻く。
 ・葉の表面のしわ
◇カワヤナギに由来
 ・花期が早い。
 ・花糸1本が先端で分岐。
 ・葉の裏の色
 ・葉の形

♂花序 細い円柱形、長さ約4cm、径約9mm。柄はない。下出葉は3–4枚

♀花序 細い円柱形、長さ2–2.5cm、径5–8mm。柄はない。下出葉3–4枚

♂花 個体差があり、花糸2本か、1本で上部でわずかに分岐するものが混じる個体がある。基部有毛。葯2個、黄色。苞は倒卵形、先端は黒色、有毛。腺体1個、線形、淡黄緑色、小さい。

♀花 花柱は短い。柱頭は2裂。子房は途中で急に細くなる卵形、有毛、無柄。苞は倒卵形、無毛。腺体1個、線形、淡黄緑色

冬芽 中型。狭卵形、鋭頭。長さ約6 mm、幅約2 mm。褐色、有毛、光沢はない。枝に密着する。

樹皮 灰色。割れ目は目立たない。

一年枝 濃褐色、有毛または無毛

表は緑色

形と表面のしわはオノエヤナギの幅を広くしたような感じ。

倒狭長卵形。
長さ 10–15 cm、幅 2–2.2 cm

(表) ×1.0 (裏)

葉序 互生

表　　　裏

葉縁 腺で終わる粗低鋸歯

表

裏

托葉

側脈は 18–20 対、不明瞭

裏は青緑白色

基部はくさび形
柄は長さ 8–10 cm

139

ヤナギ属の雑種

4月3日

♂花序　円柱形。柄はない。下出葉はない。

♀花序　卵形、長さ3–4 cm、径2–2.5 cm。柄はない。下出葉はない。

20 バッコオノエヤナギ（新称）

Salix udensis Trautv.& Mey. × *S. caprea* L. = *S.* ×*koidzumii* Kimura

オノエヤナギ×バッコヤナギ。**別名**：トヨハラヤナギ、アサマヤナギ。**分布**：北海道、本州中部以北に多産。**樹形**：小高木、直立一本立ち。**花期**：葉前性。栽培地では1月下旬に芽鱗を脱ぐ。**裸材**：隆起条がある。**栽培株産地**：東京都三頭山。**名称**：別名のトヨハラは樺太の地名、豊原に因む。はじめは新種と思われていたが、後にオノエヤナギとエゾノバッコヤナギとの雑種として記載されたもので、エゾノバッコヤナギがバッコヤナギと同種とされたが、名だけが生き残ったもの。別名にアサマヤナギがあるが、これはバッコヤナギを2種に区別していた時代に浅間山産に和名をつけたもの。**考察**：両親種が普通に分布しているのに発見が少ないのは、オノエヤナギの葉の広いもの、バッコヤナギの葉の狭いものがあり、オノエヤナギかバッコヤナギのいずれかに同定されるためと思わ

♂花　花糸2本。葯は黄色。苞は長楕円形、鋭頭、上半分黒色、有毛。腺体1個、線形、淡黄緑色

♀花　花柱はやや短い。柱頭2裂。子房は先細の長卵形、有毛、長い柄がある。苞は長楕円形、有毛。腺体は線形、淡緑色、小さい。

れる。1934年、木村有香によってサハリンで発見。**挿木**：容易。

《雑種判定ポイント》

◇オノエヤナギに由来
- 新葉の縁が裏に巻く。
- 葉の先が鋭先
- 冬芽は先が尖る。

◇バッコヤナギに由来
- 子房に長い柄がある。
- 葉柄が長い。
- 葉の裏にバッコヤナギに似た毛がある。
- 冬芽が大型
- 花序が太い。

冬芽 大型。卵形、鋭頭。長さ約 13 mm、幅約 8 mm。褐色、無毛、光沢がある。枝に平行する。

新葉 縁が裏に巻く。

樹皮 灰色。割れ目は縦に入る。一年枝は緑褐色

葉序 互生

表は濃緑色、無毛

狭楕円形。長さ 8–10 cm、幅 2.2–2.5 cm

葉縁 低鋸歯

托葉 斜卵形

裏は淡緑色、全面にバッコヤナギより少ない毛がある。

側脈は表側で凹み、裏に凸出する。

表のしわはオノエヤナギの幅を広くしたような印象

（表） （裏） 基部は狭円形

柄は長さ 0.8–1.2 cm

♂ 4月3日

♀は
発見されていない

♂花序　長円錐形〜円柱形、長さ 3.5–4 cm、径約 15 mm。下出葉 2–3 枚

21 サカマキヤナギ（新雑種）

Salix udensis Trautv. & C.A.Mey.
× *S. rupifraga* Koidz.
= *S.* ×*sakamakiensis* Yoshiyama

オノエヤナギ×コマイワヤナギ。**分布**：標高 1000–1500 m のコマイワヤナギの多数分布する地域に稀。**生育地**：路傍、崖。**樹形**：低木。株立ち。自生地では高さ 1 m 以下、栽培すると 2 m 以上になり、幹は斜めに伸びる。**花期**：やや葉前性。自生地では 5 月上旬。**裸材**：隆起条が少しある。**栽培株産地**：長野県松本市坂巻温泉。**考察**：1996 年に発見。一見してオノエヤナギが関わっていることが分かる。自生地はコマイワヤナギを多産する地域で、種々の点から両種の雑種と推定して、2011 年に新雑種として発表した。基準標本産地は長野県松本市坂巻温泉（♂）。原株は道路工事で失われたが、著者が採取した挿木で増殖した株が坂巻温泉に植えられている。この付近を探せば♀株を発見できる可能性がある。**挿木**：容易。

♂花　花糸 2 本が離生、無毛。葯 2 個、黄色。苞は楕円形、鈍頭、先は淡黒褐色、有毛。腺体 1 個、線形、黄緑色

《雑種判定ポイント》
◇オノエヤナギに由来
・新葉の縁は裏に巻く
・葉が細く先が尖る
・葉の表面にしわがある
・葉の縁は低い波状鋸歯
◇コマイワヤナギに由来
・低木になる
・幹が斜上する
・隆起条がある
・花序の色、形は両者の中間形

冬芽 小型、狭円錐形、鋭頭。長さ約9 mm、幅約3 mm。緑褐色、無毛、光沢はない。枝に密着する。

新葉 縁は裏に巻く

樹皮 灰褐色。割れ目は不定。一年枝は灰褐色、細く、無毛

葉序 互生

表　裏

葉縁 低鋸歯

托葉 先の尖った狭三角形

狭長卵形。長さ 7–15 cm、幅 2.3–2.7 cm

表は濃緑色、オノエヤナギに似たしわ状

裏は灰緑色。脈上に短毛

側脈は 10–12 対

基部は広いくさび形

柄は長さ 0.5–1.2 cm

♀ 4月2日

♂は存在の可能性はあるが未入手

♀花序 円柱形、長さ4cm、径1cm。下出葉3-4枚

22 ハコダテヤナギ

Salix udensis Trautv. & C.A.Mey.
× *S. vulpina* Andersson subsp. *vulpina*
= *S.* ×*ampherista* C.K.Schneid.

オノエヤナギ×キツネヤナギ。**分布**：キツネヤナギの分布域。東北地方、北海道。**生育地**：林道脇、伐採跡など。**樹形**：中低木。高さ2mまで。株立ち。主幹は斜めに伸びる。**花期**：葉期性。4月中旬。**裸材**：隆起条がある。**栽培株産地**：福島県裏磐梯。**名称**：和名はハコダテとなっているが東北地方にも分布する。函館山にはキツネヤナギが多産する。**考察**：1904年に採取したものについて1940年に木村有香が雑種と認めた。**挿木**：容易。
《雑種判定ポイント》
◇オノエヤナギに由来
 ・葉は細長く先は尖る。
 ・新葉の縁は裏に巻く。
 ・葉の表面は濃緑色
◇キツネヤナギに由来
 ・葉はしわ状
 ・低木で幹は斜上する。
 ・裸材に隆起条がある。

♀花 花柱は太く短い。柱頭2深裂。子房は長卵形、多毛、無柄。苞は長楕円形、小さく1.2mm、上端黒色、へりに長毛がある。腺体1個、線形、淡黄緑色、太く短い。

冬芽 中型。卵形、鋭頭。長さ約6 mm、幅約3 mm。黄褐色、無毛、光沢はない。枝に密着する。

樹皮 灰褐色。割れ目は不定。一年枝は緑褐色、無毛

新葉 縁は裏に巻く。

葉序 互生

長卵形、先はオノエヤナギの形。長さ 12–17 cm、幅 2.5–3 cm

表は濃緑色

表　裏

葉縁 波状鋸歯、わずかに裏に巻く。

表

裏

托葉

㊤　㊦　×1.0

裏は淡緑色、脈に毛がある。

側脈は 10 対前後

基部は円形
柄は長さ 7–9 mm

♀ 4月3日

♂
♂は発見されていない

♀

♀花序 円柱形、長さ 3–3.5 cm、径 5–6 mm。有柄。下出葉 3–4 枚

♀花 花柱はやや長い。柱頭 2 裂。子房は先細の卵形、有毛、短柄。短毛。苞は卵形、先端黒く、密に毛がある。腺体 1 個、線形、淡黄緑色

23 オノエオオキツネヤナギ
（未発表、仮称）

Salix udensis Trautv. & C.A.Mey. × *S. futura* Seemen（雑種学名なし）

オノエヤナギ×オオキツネヤナギ。**分布**：オオキツネヤナギの多数自生する地域。**生育地**：主に日本海側の低山、新潟県などの多雪地。**樹形**：中低木。自生地では高さ 1 m 前後。栽培すると 3 m にもなる。株立ち。幹は横方向に伸びる。**花期**：葉期性。4 月中旬。**裸材**：隆起条が少しある。**栽培株産地**：長野県飯山市野々海（♀）。**備考**：各地で発見されているが（福島県 2 か所、長野県北部）。いずれも♀株で、♂株は未発見。**挿木**：容易。

《雑種判定ポイント》
◇オノエヤナギに由来
 ・新葉のヘリが裏に巻く。
 ・葉裏がやや弱い絹糸光沢
 ・オオキツネヤナギは挿木しにくいが、オノエヤナギは容易
◇オオキツネヤナギに由来
 ・隆起条がある。
 ・葉の幅が広い。
 ・自生地にオオキツネヤナギが多い。
 ・主幹は低い角度で伸びる。

冬芽 大型。狭三角形、鋭頭。長さ10–12 mm、幅約5 mm。褐色、やや有毛、光沢はない。枝に平行する。

樹皮 灰色。割れ目は不定。一年枝は汚褐色〜黄褐色、有毛または無毛

新葉 縁は裏に巻く。

葉序 互生

葉縁 低い波状鋸歯

表は濃緑色

長楕円形。長さ6–10 cm、幅3–3.5 cm

側脈は7対前後

裏は淡緑色

×1.0

基部は円形
柄は長さ0.5–1 cm

ヤナギ類では葉は大きい方だが、オオキツネヤナギより幅が狭い。

托葉

コラム19　雑種の学名をつくるには

　雑種の学名をつくるときは、まず両親の学名の間に、雑種記号の×を入れてつなぐ。これを雑種式という。この状態のまま使われている雑種がいくつもあり、この図鑑にもある。正式な雑種学名が認められるには、新種を記載するときと同様に論文を書き、種形容語とそのタイプ標本を決めて、書物に載せて発表しなければならない。

　このオノエオオキツネヤナギについても学名を考えたい。

♀ 5月28日

♂は発見されていない

♀花序　狭長円錐形。長さ2.5-3 cm、径5-6 mm。短い柄がある。下出葉 2-3 枚

♀花　花柱は短い。柱頭は2裂してさらに2分岐。子房は卵形に近く、白色短毛密生、短い柄。苞は倒卵状楕円形、密毛があり、先端1/3は濃褐色。腺体1個、線形、淡黄緑色

24 オノエシライヤナギ（未発表）

Salix udensis Trautv. & C.A.Mey. × *S. shiraii* Seemen（雑種学名なし）

オノエヤナギ×シライヤナギ。**分布**：シライヤナギを多産する地域。**生育地**：崖などの陽のよく当る所。稀産。**樹形**：低木。自生地では高さ50 cm位、栽培すると2 m位になる。主幹は斜めに伸びる。樹勢は弱い。**花期**：葉前性。**裸材**：隆起条がある。**栽培株産地**：山梨県茅ヶ岳。♀のみ発見されている。**考察**：シライヤナギの群落の中で自生していた株を採集。シライヤナギより葉の幅が狭く、表面のしわはオノエヤナギに似る。**挿木**：やや難しい。

《雑種判定ポイント》
◇オノエヤナギに由来
  ・葉の形がオノエヤナギと同じ
  ・新葉の縁が裏に巻く
◇シライヤナギに由来
  ・花序が細い
  ・子房に短い柄がある
  ・裸材に短い隆起条がある

冬芽 小型。三角形、鋭頭。長さ約 8 mm、幅約 3 mm。黄褐色、無毛、光沢はない。枝に密着する。

若葉 縁が裏に巻く

樹皮 暗灰色。一年枝は黄褐色、無毛

長楕円形、先は鋭く尖る。長さ 5–10 cm、幅 1.5–2 cm

表は濃緑色

裏は灰緑色

葉序 互生

表　裏

葉縁 微細鋭鋸歯

托葉 先の尖った狭卵形

側脈は 13 対前後

（表）（裏）

基部はくさび形
柄は長さ 1 cm 位

×1.0

コラム20　雑種の命運

　雑種ができるためには、両親の花期の一致、分布の一致のほか、根本的なことは遺伝的な相性だ。多産する雑種と、1例しか報告がない雑種、まったくできないもののちがいの原因になる。
　ユビソヤナギ×ネコヤナギは相性の良い例で、1系統から何代も繰り返して挿木をしても常に元気に育っている。極めて稀な雑種では、気をつけて栽培していても自然に消滅してしまうことがある。同じ雑種を複数株を育てていても次々に枯れてしまう運命は止められない。

3月25日

花序 ♂♀同株。円柱形。柄がある。

25 シバオノエヤナギ（未発表）

Salix udensis Trautv. & C.A.Mey.
× *S. japonica* Thunb.（雑種学名なし）

オノエヤナギ×シバヤナギ。**分布**：シバヤナギの分布域で極めて稀。東京、山梨、静岡。**生育地**：土堤などの斜面。**樹形**：低木、一本立ち、主幹はあるが少し曲がる。枝を密に出し、幹の下部では水平より下に向かう。小枝は細長く伸び、先は垂れ下がる。高さは自生地で1.5m、栽培すると4cm以上。径約4cm。樹勢は強い。**花期**：葉期性。4月上旬。**裸材**：隆起条がある。**栽培株産地**：2013年に山口純一が東京都羽村市の多摩川土手で発見・採取したもの。**挿木**：容易。**備考**：観察の対象とした株は♂♀同株のキメラのため、♂♀同花序のものが多かったが、別花序も存在する。キメラでない株が発見されれば花糸は離生すると考えている。

（山口純一原図）

（山口純一原図）

♂花 花糸2本、基部は合着してY字形となるが、分岐点の位置は一定しない、無毛。葯2個、黄色。苞は長卵形、鈍頭、上半部黒色、縁に密毛。腺体1個、線形、淡緑色

♀花 花柱は短い。柱頭2裂。子房は長卵形、密毛〜無毛、短い柄。苞は長楕円形、鈍頭、先端の暗色部の広さは一定しない、有毛。腺体1個、淡緑色、短線形、切頭

《雑種判定ポイント》

◇オノエヤナギに由来
- 葉の形がよく似ていて、表面は濃緑色
- 出葉時の葉の縁は、先端以外は裏に巻く。
- 葉の縁は波状低鋸歯

◇シバヤナギに由来
- 低木、細い枝を密に出し、先は水平より下に向かう。
- 花序が細長い。
- 隆起条がある。
- 細い枝が密に茂る。

冬芽 狭長卵形〜長卵形、鋭頭。長さ約 9 mm、幅約 4 mm。緑褐色、無毛、光沢はない。枝に密着する。

新葉 縁は裏に巻く。

樹皮 緑色。割れ目はない。一年枝は緑色、無毛

葉序 互生

表 　　　裏

葉縁 波状低鋸歯

表は濃緑色

狭長楕円形。長さ 7–8 cm、幅 1–2 cm

葉脈と柄の上面に浅い凹みがある。

裏は白緑色

㊤（表）　　　（裏）

葉柄に毛があり、はじめ微毛、すぐ無毛になる。

基部はだ楕円形。柄は長さ 6–9 mm

×1.0

側脈は 10 対前後

裏

托葉

コラム 21　名前当てクイズ

p.1 に掲載した 4 枚の写真（花序の断面）の樹種を本書から探し当ててみよう。雑種も入っているよ。　　　　　　　　　　　　　答えは p.153

♂ 3月18日

♀は
発見されていない

26 バッコキヌヤナギ

Salix caprea L.
× *S. schwerinii* E.L.Wolf 'Kinuyanagi'
= *S.* ×*pedionoma* Kimura

バッコヤナギ×キヌヤナギ。**分布**：本州では広くキヌヤナギが栽培されているが、発見は極めて稀。**生育地**：路傍。**樹形**：自生地では高さ1m位の若木を挿木して栽培すると、高さ約5m、胸高直径約5cmの一本立ちの小高木となり、幹は直立に近い。**花期**：葉前性。3月下旬。**裸材**：隆起条は明瞭に出る。**栽培株産地**：兵庫県六甲山美代子観音脇。**考察**：初めてこの組み合わせが記載されたときは、樺太産のエゾノバッコヤナギ×エゾノキヌヤナギであったが、エゾノバッコヤナギはバッコヤナギに含まれ、一方のエゾノキヌヤナギについては、この場合は栽培品種のキヌヤナギであるが、雑種学名はそのまま使用した。著者が栽培している株は産地から考えて品種キヌヤナギとの雑種である。**挿木**：容易。

♂花序　先の丸い円柱形、長さ3.5cm、径1.5–2cm。柄はバッコヤナギより細く短い。

♂花　花糸2本、無毛。葯2個、黄色。苞は倒卵形、鈍頭、先端部黒色、密毛。腺体1個、線形、淡黄緑色。

《雑種判定ポイント》
◇バッコヤナギに由来
　・隆起条が強く出る。
　・小高木で一本立ち。
　・葉柄が長い。
　・葉の裏全面有毛。
◇キヌヤナギに由来
　・葉が細長いが、オノエヤナギの形質が見られない。
　・花芽は狭三角形

冬芽 大型。狭三角形、鋭頭。長さ約 10 mm、幅約 5 mm。褐色、無毛、光沢がある。

新葉

樹皮 暗灰色。割れ目は不定。一年枝は褐色、無毛または有毛

葉序 互生

表　裏

葉縁 低い波状鋸歯

托葉 先の尖った卵形

裏は灰白色、全面に短毛がある。

表は緑色

狭楕円形。長さ 7–13 cm、幅 2.8–3 cm

側脈は 12 対前後
基部は円形
柄は長さ 0.6–1.0 cm

（表）（裏）×1.0

コラム 21　名前当てクイズの答え

左上：シライヤナギ♂　　　右上：イヌコリヤナギ♀
左下：フジヤナギ♂　　　　右下：キヌオノエヤナギ♀

ヤナギ属の雑種

♂

♀

♂ 3月28日

27 シグレヤナギ

Salix caprea L. × *S. japonica* Thunb.
= *S.* ×*eriocataphylla* Kimura

バッコヤナギ×シバヤナギ。**分布**：シバヤナギの多数分布する関東・東海地域に多い。**生育地**：丘陵、低山の林道脇、伐採跡など陽のよく当たる場所。**樹形**：中〜大低木。高さ3m位。株立ち。幹は斜めに伸びる。**花期**：葉前性。4月上旬。**裸材**：隆起条がある。**栽培株産地**：東京都八王子市多摩丘陵。**考察**：シバヤナギの多い東京都、神奈川県の西部地域では珍しくない。♂♀株とも存在し、♂花序は美しい。**挿木**：成功率は低い。

《雑種判定ポイント》
◇バッコヤナギに由来
　・花序が太い。
　・葉柄は長い。
　・隆起条がある。
　・冬芽が大きい。
◇シバヤナギに由来
　・低木、幹は斜上する。
　・シバヤナギの分布域に限られる。

♂**花序**　太い円柱形。柄がある。大きいため目立つ。下出葉4-5枚

♀**花序**　広円錐形、長さ3-4 cm、径7-9 mm。有毛。下出葉4-5枚。バッコヤナギに似る。

♂**花**　花糸2本、無毛。葯は黄色。苞は長楕円形、先は尖り、上半分黒色、有毛。腺体1個、線形、淡黄緑色、短い。

♀**花**　花柱は短い。柱頭2深裂、黄色。子房は長卵形、短毛密生、有柄。苞は♂に同じ。腺体1個、卵形、黄緑色、太く短い。

樹形　高さ3mほどの中〜大低木になる。

冬芽 大型。狭三角形、鋭頭、稜がある。長さ約 9 mm、幅約 5 mm。暗褐色、無毛、光沢がある。枝に密着する。

樹皮 暗灰色。割れ目は不定

一年枝 緑褐色、無毛

葉序 互生

葉縁 細鋸歯

托葉 先の尖った不整形。よく伸びた枝先に稀

楕円形。長さ 5–12 cm、幅 2–5 cm

表は濃緑色

裏は灰緑色、脈に毛がある。

側脈 8–12 対

基部は円形
柄は長さ 1–1.5 cm

× 1.0

♂ 4月3日

♀は発見されていない

♂**花序** 短円形長さ約5cm、径約2.5cm。柄はない。下出葉はない。

♂**花** すべての花糸が途中でY字形に分岐し、分岐点の位置に変異がある、無毛。葯2個、黄色。苞は広倒卵形、先は尖るものと尖らないものが混じり、先端黒色、密毛。腺体1個、淡緑色、小さい。

28 ドアイヤナギ

Salix caprea L. × *S. hukaoana* Kimura
= *S. ×praegaudens* H.Ohashi & Yoshiyama（新学名）

バッコヤナギ×ユビソヤナギ。**分布**：ユビソヤナギの多数分布する地域に極めて稀。**生育地**：渓流から離れた草地。**樹形**：自生地で高さ1m、栽培すると直立一本立ちし、高さ8m以上、径15cmにもなる。**花期**：葉前性。多雪地で4月上〜中旬、栽培で3月上旬。**裸材**：隆起条がある。**栽培株産地**：群馬県水上町土合駅付近。**名称**：1974年木村有香が和名だけ発表。和名はJR上越線土合駅付近が産地のため。**挿木**：成功率はやや低い。

《雑種判定ポイント》
◇バッコヤナギに由来する形質
・隆起条がある。
・葉の裏に毛が多い。
・葉身が大きく柄が長い。
◇ユビソヤナギに由来する形質
・花期が早い。
・付近にユビソヤナギが多い。
・一年枝の色が黒っぽい。
・新葉の縁は裏に巻く。
・花糸は1本だが途中でY字形に分岐する。これは相手の親種の花糸が2本の証拠

冬芽 大型。卵形、鋭頭。長さ約13 mm、幅約6 mm。濃赤褐色、無毛。光沢がある。枝に密着しない。

表は濃緑色

樹皮 灰褐色。縦に割れ目が入る。一年枝は黒紫色、太く長く伸びる。

狭長楕円形。長さ9–13 cm、幅 2–4 cm

葉序 互生

表　裏

葉縁 低鋸歯

表

裏

托葉 先が尖る狭卵形

裏は灰緑色、バッコヤナギより少ない軟毛が全面にある。

側脈は13対前後

基部は広いくさび形

柄は長さ 1–1.5 cm

(表) ×1.0 (裏)

157

ヤナギ属の雑種

♂ 3月25日

♂

♀

29 ナスノシグレヤナギ

Salix caprea L. × *S. shiraii* Seemen
= *S.* ×*eriocataphylloides* Kimura

バッコヤナギ×シライヤナギ。**分布**：標高 1000–1500 m のシライヤナギの多く分布する地域に稀。**生育地**：崖などの岩場、乾燥地。**樹形**：中低木。高さ 2–3 m。株立ち。幹は斜めに伸びる。**花期**：葉前性。4 月中旬。**裸材**：隆起条が少しある。**栽培株産地**：栃木県那須岳北温泉、山梨県茅ヶ岳。**考察**：1957 年木村有香により発見された。バッコヤナギは普遍種なので、シライヤナギの群落の中を 1 株ずつ探すと見つけられる。自生では高さ 1 m 程度だが高木と低木との雑種のため、栽培すると樹高・樹形とも中間の低木となる。幹は斜めに傾き、花序をたくさんつけて♂株は鑑賞価値がある。**挿木**：成功率はバッコヤナギより低い。

《**雑種判定ポイント**》

◇バッコヤナギに由来
・花序はシライヤナギの形だが、はるかに太い。

♂花序 太い円錐形、長さ 4–5 cm、径約 2 cm。柄はない。下出葉 3–4 枚

♀花序 太い円錐形、長さ約 3.5 cm、径約 1 cm。柄は短い。下出葉 3–4 枚

♂花 花糸 2 本、無毛。葯は黄色。苞は長卵形、鈍頭、上半部黒色、縁に密毛。腺体 1 個、狭卵形、淡緑色

♀花 花柱は短い。柱頭は 2 深裂。子房は卵形、有毛、長い柄。苞は長卵形、鈍頭、上半部黒色、縁に密毛。腺体 1 個、濃緑色

・隆起条が強く出る。
・葉の裏全面に軟毛がある。
・葉柄が長い。
・冬芽が大きい。

◇シライヤナギに由来
・鋸歯が明らかにある。
・樹形は両者の中間

冬芽 大型。長卵形、鈍頭。長さ約8mm、幅約4mm。褐色、無毛、光沢は弱い。枝に対してやや開いてつく。

樹皮 暗灰色。割れ目は不定。一年枝は濃褐色、太い。

葉序 互生

表

裏

葉縁 微鋸歯

托葉 先が尖った卵形

表

裏

表は濃緑色

長楕円形。長さ 8–15 cm、幅 3.3–5.5 cm。側脈 10–12 対

× 1.0

裏は淡灰緑色、全面にバッコヤナギより少ない軟毛がある。

基部は円形
柄は長さ 1.3–1.6 cm

7月19日

♂

♂は発見されていない

♀

♀花序　狭長円錐形、長さ3-4cm、径7-8mm。柄は短い。下出葉2-3枚

30 センダイヤナギ

Salix caprea L. × *S. vulpina* Andersson
= *S.* ×*sendaica* Kimura

バッコヤナギ×キツネヤナギ。**分布**：キツネヤナギの自生地域。極めて稀。**生育地**：山地の乾燥した向陽地。**樹形**：低木。自生地では高さ1m位だが、栽培すると3m位に達する。株立ちで幹は斜めに伸びる。生育は遅い。**花期**：葉期性。4月上〜中旬。**裸材**：隆起条がある。**栽培株産地**：福島県只見町国道252線沿い。**名称**：仙台市内で発見されたことに因む。**挿木**：やや難しい。

《**雑種判定ポイント**》

◇バッコヤナギに由来
 ・葉が大きい。
 ・葉柄が長い。
 ・子房は有柄、有毛、淡緑色

◇キツネヤナギに由来
 ・葉の先が鋭く尖る。
 ・鋸歯が明らか。
 ・葉の形は倒卵状楕円形

♀花　花柱は短い。柱頭は2裂。子房は中央部が細まる円錐状長卵形、短毛、有柄。苞は小さな広楕円形、子房と同色、ヘリに白色密毛。腺体1個、淡緑色

冬芽 中型。長卵形、鈍頭。長さ約 9 mm、幅約 4 mm。緑褐色、無毛、光沢はない。枝に平行する。

樹皮 灰色。割れ目は不定。一年枝は緑褐色

葉序 互生

表　裏

葉縁 葉先に向かう鈍鋸歯

楕円形〜倒卵形 長さ 9–12 cm、幅 3.5–6 cm。肉厚

裏は灰緑色、無毛

側脈は 8–10 対

基部は円形。柄は長さ 1.5–1.8 cm

托葉 半円形

♀ 3月25日

31 ナスノイワヤナギ

Salix futura Seemen × *S. shiraii* Seemen = *S.* ×*nasuensis* Kimura

♂は存在の可能性があるが未入手

♀花序 円柱形、長さ 3–3.5 cm、径 7–8 mm。柄は短い。下出葉 3–4 枚

オオキツネヤナギ×シライヤナギ。**分布**：両親種とも分布地域が限られているため、雑種ができる機会は極めて稀。基準標本産地は那須岳。**生育地**：山地の乾燥した向陽地。**樹形**：中低木、株立ち、幹は斜めに伸びる。高さは自生地で約1m、栽培すると約3mになる。径約5cm。**花期**：葉期性。4月中旬。**裸材**：隆起条がある。**栽培株産地**：著者の柳園内で自然発生。**名称**：和名は1959年那須町で発見されたことに因む。**挿木**：難しい。

《雑種判定ポイント》
- 両親種の分布が重なっている。
- 隆起条がある。
- 挿木の成功率が低い。
- 葉の形質がオオキツネヤナギに似る。
- 葉の大きさ、樹高は両親種の中間
- 樹勢の強さに比べて、花序が小さい。
- 一見して、葉の印象はオオキツネヤナギを思わせるが、葉の先が鋭尖なのはシライヤナギの特徴

♀花 花柱は短い。柱頭2裂。子房は卵形、短毛、短い柄。苞は卵形、先端が尖り黒色、密毛。腺体1個、短黄緑色、太く短い。

冬芽 中型。卵形、鋭頭。長さ約9 mm、幅約4 mm。黄褐色、無毛、光沢はない。枝に密着する。

樹皮 暗灰色。割れ目は不定

一年枝 緑褐色

葉序 互生

葉縁 微鋸歯

托葉

楕円形。長さ5–7 cm、幅2–2.7 cm

裏は灰緑色、無毛

基部は円形。柄は短く、長さ5–7 mm

側脈は6対前後

×1.0

コラム 22　ナスノシグレヤナギとナスノイワヤナギ

　この両者は混同してしまいそうな名で憶えるのも苦労する。両者とも一方の親はシライヤナギだからもう一方だけ憶えればよい。シグレヤナギはバッコヤナギのことだから、ナスノシグレはバッコと憶えておけば混同することはない。キツネヤナギの別名にイワヤナギがあるからイワ→キツネ→オオキツネと連想していけば自然に区別ができる。

コラム24　ヤナギの季節感❷

　平地のヤナギの花が終わった頃、標高1000m以上の高地ではシライヤナギ、コマイワヤナギ、ミヤマヤナギなどが咲き出す。上高地では4月29日の開山祭の時期はケショウヤナギが花盛りだ。6月頃の水辺のヤナギの枝下にはホタルが宿っている。夏の高山では、地を這うような低いヤナギの仲間が花をつける。8月を過ぎるとヤナギは冬支度を始める。それは葉の腋に出る冬芽だ。秋に葉と冬芽が同時に見られるときに両方をよく観察しておけば、真冬でも冬芽の識別ができる力がつく。冬芽を見るときは、大きさ、形、色、枝につく角度、毛や光沢の有無など、それに葉痕も見落とせない。一年を通じてヤナギの魅力は尽きない。

春の開花

夏の水辺（撮影／新井和也）

秋の紅葉
ヤナギの四季（オノエヤナギ）

冬の落葉

ヤマナラシ属
その他

1–1 **ヤマナラシ**　　3 **イイギリ**
1–2 **エゾヤマナラシ**　4 **クスドイゲ**
2 **ドロヤナギ**　　　5 **トゲイヌツゲ**

　日本にヤマナラシ属は、ヤマナラシ、エゾヤマナラシ（チョウセンヤマナラシ）、ドロヤナギ（ドロノキ）の3種類が自生している。このほか外来種のギンドロ、セイヨウハコヤナギなどいわゆるポプラの仲間が栽培されている。
　シルクロードのオアシスにある茂みはポプラの仲間が多い。ヤナギ属が北半球に多いのに対し、ポプラの仲間は両半球にまたがって分布している。

《ヤマナラシ属に共通の形質》
○雌雄別株　○落葉高木　○長枝と短枝の区別がある。○葉は互生、単葉　○葉柄が長い。○風媒花　○芽鱗は複数個が筍の皮状に重なる。○枝の先端に頂芽がある。○材質は軽軟　○花序は葉前性で下垂する。○花弁に相当する、杯状の花被の中にしべがある。

ヤマナラシの材で作られた護符、蘇民 将来（次ページ参照）

♂ 秋田県鹿角市 4月30日

1-1 ヤマナラシ

Populus tremula L.
var. *sieboldii* (Miq.) Kudô

分布：北海道、本州、四国。**生育地**：陽当たりの良い山野。**樹形**：高木。高さ20mまで。径約60cm。**花期**：葉前性。4月。**一年枝**：白い軟毛がある。**名称**：葉柄が扁平なため、風でゆれやすく、音を発生することから「山鳴らし」。**用途**：材が軟らかいため箱作りの材料とすることから「箱柳」の別名がある。信濃国分寺で1月8日に配布する護符「蘇民将来」の原木として大量に使われている。
挿木：枝挿しは不可能なため、根を切って挿すと可能。**備考**：幹の周囲を明るくすると、根から発芽する。

樹皮 若木では灰色、菱形の皮目が目立つ。　**冬芽** 頂芽は卵状円錐形で先は尖る。

広卵形。長さ4–8cm、幅3–7cm

表は濃緑色

裏は淡緑色で灰青色を帯びる。

葉の基部に腺がある。

× 0.6
（栃木県日光市産）

北海道足寄町 6 月 5 日

1-2 エゾヤマナラシ

Populus tremula L.
var. *davidiana* (Dode) C.K.Schneid.

別名：チョウセンヤマナラシ。**分布**：北海道北部と日高の平地。**樹形**：高木、高さ約 9 m。**類似種**：葉柄が長いのは基準変種のヤマナラシと同じだが、鋸歯が粗大なことと葉の基部に腺がないことで区別できる。**挿木**：枝挿しは不可能、かわりに根を切って挿すと容易。**備考**：中標津地方には写真の葉よりはるかに巨大な個体がみられる。

広卵形。長さ 4–5 cm、時に 20 cm に達することもある。

裏は帯白色

（裏）
両面無毛。縁に粗大な波状鋸歯がある。

（表）
葉の基部に腺がない。

× 0.6 （北海道興部町産）

樹皮　　　　冬芽　無毛

北海道上川町 5 月 11 日

2 ドロヤナギ

Populus suaveolens Fisch.

別名：ドロノキ。**分布**：北海道、本州（中部以北と兵庫県北部）。**生育地**：冷涼で礫の多い河原。**樹形**：大高木。高さ 15–30m、径 15–150 cm。**花期**：葉前性。4–6 月。**用途**：マッチの軸木。**名称**：材が特に軟らかいので泥のようだとの意味。**特徴**：この樹に近づくと特有の臭いがする。**挿木**：容易。

広卵形。
長さ 6–12 cm、
幅 6–9 cm

樹皮 若齢時は平滑

冬芽 大型、先は尖る。

（秋田県仙北市産）

その他のヤナギ科植物

ヤナギのイメージといえば、早春の銀白色の花序、晩春の柳絮だが、新しくヤナギ科に加わった植物は、今までのヤナギとはまったく外観上は異形の植物だ。果実は液果（硬い種子の周りに、甘い果肉をつけたサクランボのような実）で、種子の散布は鳥に食べさせて、未消化の種子を落とさせる方式だ。日本産のヤナギ科は、ヤナギ属とヤマナラシ属以外に、イイギリ属1種、クスドイゲ属1種、トゲイヌツゲ属1種の計3種が分布する。

3 イイギリ
Idesia polycarpa Maxim.
本州、四国、九州に普通に分布する落葉高木。液果は赤熟する。

4 クスドイゲ
Xylosma congesta (Lour.) Merr.
本州西部以西の暖地に稀に分布する常緑小高木。枝や幹に鋭い刺がある。

5 トゲイヌツゲ
Scolopia oldhamii Hance
南西諸島に稀に分布する常緑小高木。枝に鋭い刺がある。（撮影／古本 良）

ヤマナラシ属／その他

よくみかける外来種（ポプラ）

北海道天塩町 5 月 14 日

ギンドロ
Populus alba L.

別名：ウラジロハコヤナギ。分布：ヨーロッパ、西アジア原産。日本各地に植栽されるが、特に北海道に花をつける大木が多い。余市町の道の駅に径 1 m の巨木が数本あって必見。岩手県花巻市のギンドロ公園（花巻農学校跡地）にも古くからの植栽があり、これも大木である。この樹は宮沢賢治の詩集『春と修羅』にハクヨウとして登場する。

　ギンドロの花を一度見たい方のために、北海道での 1 コースをご紹介したい。積丹半島から稚内に掛けての海岸寄り、あるいは山脈寄りの国道周辺が観察適地で、この辺りでの開花は 5 月の連休前後、雄花は咲き始めると一週間であっという間に花粉を出して散ってしまう。雌花の観察にはやや余裕をもてるが、5 月中旬には果実となり下旬には裂開して柳絮を飛ばし始める。（茂木 透）

裏は白毛が密生する。
葉に切れ込みがある。
表は深緑色
（裏）
（表）
× 0.5
（北海道石狩市産）

岐阜県高山市 11 月 5 日

セイヨウハコヤナギ

Populus nigra L.
var. *italica* (Duroi) Koehne

別名：ポプラ、イタリアヤマナラシ、ピラミッドヤマナラシ。**分布**：ヨーロッパ、西アジア原産。このほかにも改良ポプラと言われる雑種が作られている。河岸、グランドの境界、公園、国道脇の並木などに広く利用され、日本全国に植えられている。特に北海道ではいたる所に植栽され、特異な樹形が目をひく。開花時期は場所による差が大きい。暖地では3月、関東～東北では4月上旬、北海道では5月の連休前後となる。径1m高さ30mを超す巨樹も珍しくない。黄葉は大変に美しく秋晴れの青との対比は見事、見る者を圧倒する。なお本種に似た雑種のエウロアメリカポプラ（ヨーロッパクロポプラ×アメリカクロポプラ）は以前道内に多く植栽されていたが、最近は見る機会が減った。（茂木 透）

× 0.5（京都府与謝野町産）

索引

学名

Idesia polycarpa ⋯ 169
Populus alba ⋯ 170
Populus nigra
    var. *italica* ⋯ 171
Populus suaveolens ⋯ 168
Populus tremula
    var. *davidiana* ⋯ 167
    var. *sieboldii* ⋯ 166
Salix ×ampherista ⋯ 144
Salix ×arakiana ⋯ 118
Salix arbutifolia ⋯ 28
Salix babylonica ⋯ 44
    f. *rokkaku* ⋯ 44
    'Tortuosa' ⋯ 46
Salix caprea ⋯ 52, 104, 132, 140, 152, 154, 156, 158, 160
Salix cardiophylla ⋯ 26
Salix chaenomeloides ⋯ 30
Salix dolichostyla
    subsp. *dolichostyla* ⋯ 38
    subsp. *serissifolia* ⋯ 40
Salix eriocarpa ⋯ 36
Salix ×eriocataphylla ⋯ 154
Salix ×eriocataphylloides ⋯ 158
Salix ×euerata ⋯ 138
Salix fuscescens ⋯ 88
Salix futura ⋯ 54, 110, 128, 146, 162
Salix gracilistyla ⋯ 102, 104, 106, 108, 110, 112, 114, 116, 118
    f. *melanostachys* ⋯ 82
    var. *graciliglans* ⋯ 82
    var. *gracilistyla* ⋯ 82
Salix ×gracilistyloides ⋯ 112
Salix ×hachiojiensis ⋯ 132
Salix ×hapala ⋯ 134
Salix ×hatusimae ⋯ 106
Salix ×hayatana ⋯ 116
Salix ×hiraoana ⋯ 130
    nothosubsp. *tsugaluensis* ⋯ 130

Salix ×hisauchiana ⋯ 122
Salix hukaoana ⋯ 84, 102, 156
Salix ×ikenoana ⋯ 120
Salix integra ⋯ 76, 106, 120, 122, 124, 126, 128, 130, 132, 134
Salix japonica ⋯ 68, 122, 150, 154
    f. *fauriei* ⋯ 68
Salix ×kamikotica ⋯ 26
Salix ×kawamurana ⋯ 110
Salix kenoensis ⋯ 72
Salix ×koidzumii ⋯ 140
Salix ×koiei ⋯ 114
Salix koriyanagi ⋯ 78
Salix ×leucopithecia ⋯ 104
Salix miyabeana
    subsp. *gymnolepis* ⋯ 80, 114, 134, 138
    subsp. *miyabeana* ⋯ 80
Salix nakamurana ⋯ 89
    subsp. *kurilensis* ⋯ 89
    subsp. *nakamurana* ⋯ 89
    subsp. *yezoalpina* ⋯ 89
S.×nasuensis ⋯ 162
Salix nummularia ⋯ 88
Salix ×pedionoma ⋯ 152
Salix pierotii ⋯ 34, 116
Salix ×praegaudens ⋯ 156
Salix ×pseudopaludicola ⋯ 88
Salix reinii ⋯ 60
Salix rorida ⋯ 66
    f. *pendura* ⋯ 66
    f. *roridiformis* ⋯ 66
Salix rupifraga ⋯ 74, 124, 142
Salix ×sakaii ⋯ 126
Salix ×sakamakiensis ⋯ 142
Salix schwerinii ⋯ 64
    'Kinuyanagi' ⋯ 64, 108, 136, 152
Salix ×sendaica ⋯ 160
Salix shiraii ⋯ 70, 126, 148, 158, 162

var. *kenoensis* … 70
Salix ×shirakawensis … 128
Salix sieboldiana … 86
　var. *doaina* … 86
Salix ×sigemitui … 102
Salix subopposita … 48
Salix ×sugayana … 124
Salix taraikensis … 50
Salix ×thaymasta … 108
Salix udensis … 62, 118, 120, 136, 138, 140, 142, 144, 146, 148, 150
Salix vulpina … 160
　f. *psilostachys* … 58
　subsp. *alopochroa* … 58, 112, 130
　subsp. *vulpina* … 56, 130, 144
Salix yoshinoi … 42
Scolopia oldhamii … 169
Xylosma congesta … 169

和名・別名

※明朝体の名称は雑種、太数字は写真と解説ページ

【ア】

アカメヤナギ（→マルバヤナギ） … 30, 104
アサマヤナギ → バッコオノエヤナギ
イイギリ … **169**
イケノヤナギ（イヌコリヤナギ×オノエヤナギ） … **120**
イタリアヤマナラシ → セイヨウハコヤナギ
イヌカワヤナギ → カワイヌコリヤナギ
イヌコリシライヤナギ（イヌコリヤナギ×シライヤナギ）… 96, **126**
イヌコリヤナギ … 6, 7, 24, 52, 54, 56, 58, 62, 68, 70, 72, 74, **76**, 78, 80, 90, 94–96, 106, 120, 122, 124–126, 128, 130, 132, 134, 153
イヌバッコヤナギ（イヌコリヤナギ×バッコヤナギ）… 96, **132**
イワヤナギ（→コマイワヤナギ）… **74**, 163
ウラジロハコヤナギ → ギンドロ
ウラジロヨシノ … 42
ウンリュウヤナギ … **46**, 90, 107
エゾノカワヤナギ … 3, 80, 125
エゾノキヌヤナギ … 3, 6, 7, 52, **64**
エゾノタカネヤナギ … 3, 89
エゾノバッコヤナギ … 3, 52, 80, 140, 152
エゾマメヤナギ … **88**, 94
エゾミヤマヤナギ … 60
エゾヤナギ … 4, 7, 28, **66**, 72, 92, 95
エゾヤマナラシ … 2, 165, **167**
オオキツネヤナギ … 4, 7, 19, 47, 52, **54**, 62, 70, 76, 95, 96, 107, 110, 128, 146, 162
オオシロヤナギ → ジャヤナギ
オオタチヤナギ … **34**, 36, 90, 116
オオバヤナギ … 2–5, 7, **26**, 28, 52, 95, 113, 125
オオミヤマヤチヤナギ … 60, 88, 95
オクヤマサルコ（オオキツネヤナギ×キツネヤナギ）… 95
オクヤマヤナギ … 86
オノエオキツネヤナギ（オノエヤナギ×オオキツネヤナギ）… 96, **146**
オノエシライヤナギ（オノエヤナギ×シライヤナギ）… **148**
オノエヤナギ … 3, 6, 7, 52, 54, 56, 58, **62**, 70, 74, 76, 80, 84, 92, 95, 96, 107, 118, 120, 135, 136, 138, 140, 142, 144, 146, 148, 150, 164

【カ】

カミコウチヤナギ（ケショウヤナギ×オオバヤナギ）… 26, 28, 95
カワイヌコリヤナギ（イヌコリヤナ

ギ×カワヤナギ）… **134**
カワオノエヤナギ（オノエヤナギ×カワヤナギ）… **138**
カワヤナギ … 3, 6, 7, 62, 72, 76, **80**, 91, 95, 114, 125, 132, 134, 138
カンサイキツネヤナギ … 58
キツネヤナギ … 3, 7, 52, 54, **56**, 58, 62, 76, 95, 130, 144, 160, 163
キヌオノエヤナギ（オノエヤナギ×キヌヤナギ）… **136**, 153
キヌゲシバヤナギ … 68
キヌヤナギ … 3, 19, 64, 96, 108, **136**, 152
ギンドロ … **170**
クスドイゲ … **169**
クロヤナギ … 24, 29, 43, **82**, 107
ケショウヤナギ … 4–7, 26, **28**, 66, 95, 113, 125, 164
コイエヤナギ → ヌシロヤナギ
コエゾヤナギ … 66
コゴメヤナギ … 3, 38, 39, **40**, 42, 44, 60, 90, 95
コセキヤナギ（イヌコリヤナギ×オオキツネヤナギ）… 96, **128**
コマイワヤナギ … 7, 62, 70, **74**, 76, 95, 124, 142, 164
コリヤナギ … 24, 52, 72, 76, **78**, 94, 107, 111, 125
コンゴウバッコヤナギ（バッコヤナギ×サイコクキツネヤナギ）… 58

【サ】

サイコクキツネヤナギ … 3, 56, **58**, 112, 130
サカマキヤナギ（オノエヤナギ×コマイワヤナギ）… 7, 96, **142**
サツマヤナギ … 86
シグレヤナギ（バッコヤナギ×シバヤナギ）… 24, 68, **154**, 163
シダレエゾヤナギ … 66
シダレヤナギ … 5, 25, 38, **44**, 46, 95, 107
シバオノエヤナギ（オノエヤナギ×シバヤナギ）… **150**
シバキツネヤナギ（シバヤナギ×キツネヤナギ）… 95
シバヤナギ … 4, 52, 62, **68**, 76, 95, 122, 150, 154
ジャヤナギ … 34, **36**, 80, 90, 95, 116
シライヤナギ … 4, 52, 54, 62, **70**, 71, 72, 74, 76, 95, 96, 126, 148, 153, 158, 162–164
シラカワヤナギ → コセキヤナギ
シロシダレヤナギ … 40, 95
シロヤナギ … 3, 7, **38**, 39, 40, 44, 90
スガヤナギ（イヌコリヤナギ×コマイワヤナギ）… 7, **124**
スミヨシヤナギ（ネコヤナギ×ヨシノヤナギ）… 42, 95
セイヨウハコヤナギ … 165, **171**
センダイヤナギ（バッコヤナギ×キツネヤナギ）… 56, **160**

【タ】

タカネイワヤナギ … 3, 89
タチヤナギ … 3, 4, 7, 29, **32**, 91, 94, 125
タライカヤナギ … **50**, 94
チクゼンヤナギ（ネコヤナギ×イヌコリヤナギ）… **106**
チチブヤナギ … 70, **72**, 73
チョウセンネコヤナギ … 82
チョウセンヤマナラシ … 165, **167**
ツガルヤナギ（イヌコリヤナギ×キツネヤナギ）… 56, **130**
ツクシヤマヤナギ … 86
ドアイヤナギ（バッコヤナギ×ユビソヤナギ）… 96, **156**
トウゲヤナギ（コゴメヤナギ×ミヤマヤナギ）… 40, 60, 95
トカチヤナギ（→オオバヤナギ）… 3, 26
トゲイヌツゲ … **169**
トヨハラヤナギ → バッコオノエヤナギ
ドロノキ → ドロヤナギ
ドロヤナギ … 2, 7, 91, 165, **168**

【ナ】

ナガバカワヤナギ … 80

174

ナガバノネコヤナギ（ネコヤナギ×オノエヤナギ）… 118
ナガバヤナギ（→オノエヤナギ）… **62**, 118
ナスノイワヤナギ（オオキツネヤナギ×シライヤナギ）… **162**, 163
ナスノシグレヤナギ（バッコヤナギ×シライヤナギ）… **158**, 163
ヌシロヤナギ（ネコヤナギ×カワヤナギ）… **114**
ネコシバヤナギ（ネコヤナギ×シバヤナギ）… 95
ネコヤナギ … 5–7, 19, 24, 29, 34, 41–43, 46, 52, 54, 58, 60, 64, 66, 72, 76, 80, **82**, 84, 92–96, 102, 104, 106–108, 110–112, 114, 116, 118, 125, 149
ノヤナギ … **48**, 94

【ハ】

ハイヤナギ → ヒダカミネヤナギ
ハコダテヤナギ（オノエヤナギ×キツネヤナギ）… 56, **144**
ハシカエリヤナギ … 86
バッコオノエヤナギ（オノエヤナギ×バッコヤナギ）… **140**
バッコキヌヤナギ（バッコヤナギ×キヌヤナギ）… **152**
バッコヤナギ … 3, 4, 6, 7, 19, 24, 50, **52**, 54, 56, 58, 64, 68, 70, 74, 76, 82, 84, 91–93, 95, 96, 104, 132, 140, 152, 154, 156, 158, 160, 163
ヒダカミネヤナギ … 3, **89**
ヒタチヤナギ（ネコヤナギ×バッコヤナギ×オオキツネヤナギ）… 95
ヒメヤナギ → ノヤナギ
ヒラオヤナギ（イヌコリヤナギ×サイコクキツネヤナギ）… 58, 130
ピラミッドヤマナラシ → セイヨウハコヤナギ
フカオヤナギ（ネコヤナギ×ユビソヤナギ）… 7, **102**
フジヤナギ（イヌコリヤナギ×シバヤナギ）… 68, **122**, 153
フリソデヤナギ（ネコヤナギ×バッコヤナギ）… 19, 30, 92, 93, 96, **104**, 107
ペキンヤナギ … 46
ホソバヤマヤナギ … 86
ポプラ … 165, **171**

【マ】

マルバヤナギ … 4, 5, 7, **30**, 94, 104, 113, 125
ミチノクシダレ（シロヤナギ×シダレヤナギ）… 38
ミネヤナギ → ミヤマヤナギ
ミヤコヤナギ（ネコヤナギ×キヌヤナギ）… 64, **108**
ミヤマヤチヤナギ … 60, **88**, 95
ミヤマヤナギ … 19, 24, 40, 44, **60**, 86, 95, 135, 164
ミョウジンヤナギ（ネコヤナギ×オオキツネヤナギ）… 96, **110**

【ヤ】

ヤマトヤナギ（オノエヤナギ×サイコクキツネヤナギ）… 58
ヤマナラシ … 165, **166**
ヤマネコヤナギ → バッコヤナギ
ヤマヤナギ … 5, 56, 60, **86**, 94
ユビソヤナギ … 4, 6, 7, 9, 52, 72, 82, **84**, 92, 95, 102, 125, 149, 156
ヨイチヤナギ（ネコヤナギ×エゾヤナギ）… 66, 95
ヨシノヤナギ … 3, 38, **42**, 39, 90, 95

【ラ】

リュウゾウジヤナギ（ネコヤナギ×オオタチヤナギ）… 34, **116**
レンゲイワヤナギ … 89
ロッカクヤナギ … 44
ロッコウヤナギ（ネコヤナギ×サイコクキツネヤナギ）… 58, **112**

【ワ】

ワケノカワヤナギ … 95

あとがき

　ヤナギハンターを続けて 30 年、この図鑑をつくるまでには、写真撮影、現地調査案内、標本や挿穂採取、栽培管理、原稿打ち込みなど、多数の方々のご協力をいただいた。また、掲載種には植物研究雑誌に私が記載したヤナギの新雑種が 2 種含まれている。これは大橋広好東北大学名誉教授に記載を勧められ、ご教示いただいた結果である。故 木村有香先生からは「ヤナギの研究には身近なところに植えて観察する必要がある」と教えられ実行した結果でもある。以上の方々に厚く感謝申し上げる。編集に当たった椿康一氏には資料収集に大変お世話になった。

吉山 寛

写真／茂木 透（種および雑種）、三樹和博（雑種）、新井二郎（雑種）、梅沢 俊、新井和也、新国 勇、古本 良、米倉浩司、東京大学総合研究博物館

線画／米山知恵、多田晴義、山口純一

■主な引用・参考文献

Ohashi, H. 2000. A Systematic Enumeration of Japanese Salix (Salicaceae). 植物研究雑誌 75(1)：1-41

Ohashi, H. 2001. Salicaceae of Japan. Science Reports of Tohoku University 4th Series 40：269-396

Ohashi, H. and Yonekura, K. 2006, 2006, 2015. Additions and Corrections for Salicaceae of Japan 1-3. 植物研究雑誌 81(1)：35-40, 81(2)：75-90, 90(3)：1-14

大橋広好. 2016. ヤナギ科. 改訂新版 日本の野生植物 3：184-208. 平凡社

神奈川県植物誌調査会. 2001. 神奈川県植物誌 2001. 神奈川県立生命の星・地球博物館

亀山喜作. 2005. 岩手植物の会会報 42. 岩手植物の会

北村四郎・村田 源. 1971. やなぎ科. 原色日本植物図鑑 木本編 I：303-340. 保育社

木村有香. 1989. ヤナギ科. 日本の野生植物 木本 I：31-51. 平凡社

長野県植物誌. 1997. 信濃毎日新聞社

長谷川義人. 1983. 植物雑記（2）毛野国のヤナギ. MAKINO 3：8. 牧野植物同好会

吉山 寛. 2011. 新潟県のユビソヤナギ探訪記. 日本植物分類学会 ニュースレター 43：9

吉山 寛. 2011. 長野県で見出されたヤナギの 1 新雑種. 植物研究雑誌 86(2)：68-72

吉山 寛. 2014. 東京都八王子産のヤナギ科の 1 新雑種. 植物研究雑誌 89(3)：164-168

山口純一. 2015. 水無谷のヨシノヤナギ群の同定手順と現状報告. 人と自然 26：41-46

上田市立信濃国分寺資料館 Web site. http://museum.umic.ueda.nagano.jp/kokubunji/